Wildschweine

Florian Möllers

Wildschweine

Weltbild

Mit 164 Fotos

Bildnachweis:
B. Winsmann-Steins: S. 68, 77
Alle weiteren Fotos von Florian Möllers

Genehmigte Lizenzausgabe für Verlagsgruppe Weltbild GmbH, Steinerne Furt, 86167 Augsburg

Umschlaggestaltung: Büro 18, Friedberg (Bay.) unter Verwendung eines Fotos von Florian Möllers
Gesamtherstellung: Firmengruppe APPL, aprinta druck, Wemding
Printed in the EU
978-3-8289-3454-2

2012 2011
Die letzte Jahreszahl gibt die aktuelle Lizenzausgabe an.

Zum Geleit

„Das Schwarzwild ist die Wildart, die ich am meisten liebe." Wie oft höre ich diesen Satz landauf, landab. Und das, obwohl der Sauen immer mehr werden, obwohl sie Felder vernichten, Gärten verwüsten, Kinderspielplätze ruinieren, Autos von der Straße bringen und friedliche Bürger in Angst und Schrecken versetzen, und trotz Schweinepest und unkalkulierbarer Wildschäden.

„Das ist die Wildart, die ich am meisten liebe." Warum ist das so?

Nun, Florian Möllers liefert mit dem vorliegenden Werk einen Beweis. Der junge Biologe und Tierfotograf ist dieser Wildart verfallen, wie viele Andere, Nichtjäger und Jäger – und auch ich mit meinem engen Kontakt zu einer wild lebenden Schwarzwildfamilie.

Seine einmaligen Fotos und die kurzweiligen, informativen Texte sind eine einzige Liebeserklärung an diese klugen Tiere. Die schönen Bilder dürfen freilich nicht davon ablenken, dass Schwarzwild zur Verteidigung seiner Jungen, in Bedrängnis oder gar verletzt mutig seine Wehrhaftigkeit einsetzt.

Aber nicht nur die Wildschweine sind mutig, sondern auch der Kosmos Verlag, der uns in einer Zeit großer Probleme mit dem Schwarzwild dieses Buch auf den Tisch legt.

Gerade aus Liebe zu dieser Wildart mit ihrer hohen Vermehrung darf die Bejagung nicht in Frage gestellt werden. Diese muss konsequent, fleißig und richtig erfolgen, die Biologie dieser so komplex organisierten Tiere immer vor Augen, stets mit Respekt vor und Schonung der Matriarchinnen. Denn alle behördlich veranlassten Lockerungen biologisch begründeter Abschussvorgaben haben die Zahl der Sauen bisher nicht vermindert, sondern letztlich zum Gegenteil geführt.

Die Liebe geht beim Schwarzwild durch den Magen. Tief beeindruckt hat mich in Berlin die Aussage einer charmanten, alten Dame in ihrem von Sauen umgebrochenen Garten. „Aber die tun mir auch leid, sie haben ja nichts zu fressen!" Doch sie haben heutzutage genug zu fressen: reiche Waldmast, üppige Feldfrüchte und gereichtes Futter. Da werden viele Fehler gemacht, sowohl von Jägern im Revier als auch von Bürgern in der Stadt.

Auch beim Menschen geht die Liebe durch den Magen, nicht zuletzt die zum Schwarzwild, denn der Wildschweinbraten, ganz an der Spitze vieler Köstlichkeiten unserer Küche, ist unbedingt Teil davon.

Den Jägern schreibe ich immer wieder auf die Fahne: Geht die Schwarzwildjagd an mit heißem Herzen und kühlem Verstand. Für das heiße Herzen ist das vorliegende Buch, dem kühlen Verstand kann der Kosmos Verlag mit weiterführender Literatur dienen.

Dem Bildband wünsche ich, dass er in Hand und Schrank aller Schwarzwildjäger und vieler Naturfreunde gelangen möge, Florian Möllers und die Wildsauen haben es verdient.

Norbert Happ — Kottenforst, zur Frischzeit 2003

Wasser, Wald und Wildschweine

Wasser, Wald und Wildschweine

Bis tief in die Aprilnacht hatte ich vor dem alten Jagdhaus gesessen und in der warmen Luft auf die Stimmen des Auwaldes gelauscht. Tutende Rotbauchunken und keckernde Laubfrösche, und manchmal platschte es gewaltig vom Altarm herüber. Ein Zander auf der Jagd vielleicht oder ein Rothirsch, der durch das flache Wasser gezogen kam.

Um halb vier am nächsten Morgen scheppert mich der Wecker aus Auwaldträumen zurück in die Wirklichkeit. Weißbrot und Salami zum Frühstück, dabei kontrolliere ich die Kameras, stecke frische Filme ein und eine Kanne mit heißem Tee. Glut löschen, Kerzen aus – Morgenroutine. Im Halbrund des Vorraums stolpert der Lichtkegel meiner Stirnlampe über das Drunter und Drüber aus Eimern und Kisten, Brettern, gusseisernen Töpfen und Pfannen, Spaten, Reusen und etlichen Kanistern Motoröl. Ich greife eins der Reservepaddel und trete gähnend vor die Tür in die Nacht.

Augen! Überall Augen! Erschreckt poltere ich rückwärts, der Lichtstrahl zuckt durch die Bäume, das Paddel donnert gegen die Tür, und ich sitze auf der Schwelle. Etwa dreißig Meter vor dem Haus preschen schwarze Schatten durch die überschwemmte Wiese. Mein Herz rast. Der Schein der Stirnlampe schwankt mit dem Auf und Ab des Wassers, wo eben noch das Rotwild stand – dann wieder Stille.

**AUGEN! ÜBERALL AUGEN!
ERSCHRECKT POLTERE ICH RÜCKWÄRTS …**

Eine Viertelstunde später steuere ich mein Boot durch ein Gewirr aus Treibholz und überfluteten Bäumen. Mondlicht streift die narbige Rinde der Weiden, schleicht sich silbern über das nasse Schwarz des Altarms bis ans andere Ufer, wo Pappeln es wie dünne Spiegel zurück ins Dunkel streuen. Nur mit dem Paddel geht es besser voran, und ich gelange in freies Wasser. Leise blubbert der Motor, ein Graureiher schreckt mit lautem „krääk“ aus seinem

Nahrung im Überfluss, Wasser, Deckung und Ruhe – Auwälder sind Wildschwein-Paradiese.

Ein Schwein wie ein Bär: Mehr als
300 Kilogramm wiegen starke Keiler aus
Südosteuropa und Sibirien.

Schlafbaum hoch, und die alten Bäume am Fluss wuchern wie Scherenschnitte in das Pastell am Horizont. Jetzt in die Schneise zwischen den Pappeln einbiegen, dann den Motor aus, treiben und leise paddeln. Die Rotte ist bestimmt in der Nähe. Angestrengt horche ich in das Dämmern zwischen den Stämmen. Nichts ... An der Wegböschung vertäue ich das Boot an einer Erle und mache mich auf den Weg Richtung Tarnzelt.

Eine Woche hatte ich damit verbracht, einigen Gewohnheiten der Wildschweine hier auf die Schliche zu kommen. Zwei Tage saß ich im Versteck, ohne auch nur einen Rüssel vor die Linse zu bekommen. Aber sie waren da. Das frische Gras, die Fahrspuren und die Ränder der Pfützen – überall am alten Forstweg hatten sie deutliche Spuren hinterlassen. Am Abend des zweiten erfolglosen Tages war ich noch einmal auf Spurensuche gegangen und fand zwei frisch belaufene Wechsel, die von einem Dickicht aus Holunder und Himbeeren in den überschwemmten Wald führten. Am nächsten Morgen hatte ich etwas verschlafen und bewegte mich so müde und unvorsichtig, dass ich beinahe in eine ganze Bande Frischlinge hineinstolperte, die im nächsten Augenblick in Deckung sauste. In einer flachen, mit trockenem Gras gepolsterten Mulde hatten sie in der Morgensonne gedöst und mich genauso wenig bemerkt wie ich sie. Sofort platschte es vom Wald herüber. Eine Bache hatte die Flucht ihres Nachwuchses registriert und mit einem warnenden Grollen die ganze Rotte in Aufregung versetzt. In flottem Trab schnaufte sie auf den Forstweg, verhoffte mit gesenktem Kopf und nach vorn geneigten Tellern und witterte angestrengt in meine Richtung. Ich stand stocksteif und spürte im selben Moment den verräterischen Luftzug am Hinterkopf. Ein erneutes Blasen, sie setzte über den Weg in Deckung, gefolgt von drei stärkeren Sauen und, auf selber Spur, drei Überläufern in schneller Flucht.

URIG, BUCKLIG
ÜBER DEN VORDERLÄUFEN STEHT ER DA,
UNNAHBAR, MASSIG,
AUS WALD UND SUMPF GEFORMT.

Im Altarm lauert ein Seidenreiher auf Beute.

Immerhin gab mir die Störung Gelegenheit, mein Versteckzelt in etwa 80 Metern Entfernung zu dem Beerendickicht aufzubauen, an dessen Rand die Frischlinge gelegen hatten. Vorerst nur zum Beobachten – und um herauszufinden, wie die Tiere auf das neue Etwas reagieren würden.

Zwei Tage lang wieder nichts außer einem Fuchs und Eichelhähern, Goldammern und Meisen. Dafür eine fast schwarze Äskulapnatter direkt neben meinem Boot. In eleganten Schleifen, dick wie Kinderarme, wärmte sie ihren glänzenden Reptilienkörper in der Aprilsonne.

Am dritten Tag endlich die Wildschweine, aber für ein gutes Foto noch viel zu weit entfernt. Wie vermutet ereignete sich das meiste unmittelbar bei den Himbeerbüschen. Offenbar legten die Bachen dort ihre Frischlinge ab und zogen dann in den überschwemmten Wald. Drei stämmige Überläuferkeiler hatte ich beobachtet, die vor lauter Großtuerei in ständige Scheinkämpfe ausbrachen und sich schnaufend und mit gesträubten Nackenborsten Schulter an Schulter durch das Dickicht drängelten. Mittags verschwand die Rotte und tauchte bis zum Einbruch der Dunkelheit nicht wieder auf. Ein drittes Mal baute

Fast unsichtbar ... Sauen können mituntenlang regungslos verhoffen und nahezu vollständig mit der Umgebung verschmelzen.

ich mein Tarnzelt um und setzte es nun zwischen einige Schwarzdornbüsche am Fuß einer alten Eiche. Heute ist der Wind perfekt. Kühl weht er mir schräg von vorn ins Gesicht. Eine Viertelstunde vorsichtiger Fußmarsch liegt zwischen Ankerplatz und Versteckzelt, immer den alten Forstweg entlang, auf dem die Pferdefuhrwerke die Jagdgäste im Herbst zur Hirschjagd rumpeln. Rechts der alte Bruchwald steht gerade völlig unter Wasser. Im Sommer grenzt er an den Altarm. Hinter meinem Tarnzelt weichen die Erlen einem jüngeren Bestand mit Weiden im Unterwuchs, in dem die Bachen morgens gerne nach Nahrung suchen.Plötzlich ein lautes Rascheln, links neben mir in den Brombeeren, und tiefes Grunzen. Erschrocken bleibe ich stehen, halte die Luft an. Sie sind direkt am Weg. Was tun? Gehe ich weiter, haben sie sofort meine Witterung. Oder nach rechts in einem Bogen durch den Wald? Unmöglich, da steht das Wasser, wer weiß wie hoch. Etwas zwängt sich durch das Gebüsch, Zweige brechen und es scheint, als wäre es nur eine Sau, eine große. Das Knacken jetzt weiter vorn. Dahinter steht irgendwo in der Dämmerung mein Zelt, am Dickicht bei den Frischlingen. Ich muss vorbei, sonst ist es hell, bevor ich das Versteck erreiche. Nun denn, ganz langsam jetzt, in Zeitlupe, nur keine hastigen Bewegungen. Schritt für Schritt ... – da taucht er am Weg auf. Wir stoppen im selben Augenblick.

Weniger als 30 Meter, eher 25. Urig, bucklig über den Vorderläufen steht er da, unnahbar, massig, aus Wald und Sumpf geformt, und seine schwarzen, zotteligen Flanken verschlingen das Zwielicht. Das Zittern in meinem rechten Bein gerät außer Kontrolle, fährt mir durch den Körper. Eine Minute vergeht, vielleicht zwei. 150 Kilogramm hat er sicher, vielleicht auch 180, ich kann kaum seine Teller ausmachen. Jetzt schwenkt der Kopf in meine Richtung – ein gewaltiger Kopf. Meine Blicke wollen ihm ausweichen, suchen rechts die Bäume, klettern daran hoch; dünn, spindeldürr kommen sie mir vor. Sekundenlang hält er inne, starrt zu mir herüber. Die Wölbung seiner Lefzen scheint mir wie eine starre Grimasse, uralt wie der Wald, wie der Fluss, geformt aus Stolz und Kraft. Guck weg, guck einfach wieder weg. Ruhig, flüstert es irgendwo. Er sieht dich nicht. Er kann dich nicht sehen. Endlich wendet er sich ab, starrt in den Wald und trabt los, bahnt sich einen Weg durch die jungen Eschen am Wegrand und trollt durch das alte Laub, die Böschung hinab, in den Wald im Wasser. Da höre ich ihn nicht mehr.

Mein Herz schlägt mir bis zum Hals, als ich auf wackligen Beinen das Tarnzelt erreiche. Aber so sehr ich auch starre und lausche, nirgendwo ein Zeichen von der Rotte. Vor mir im Dickicht kann ich kaum etwas erkennen. Ich angle die kleine Flasche mit Buchenholzteer aus der Jackentasche und träufle ein wenig auf Stamm und Wurzeln der Eiche. Falls die Wildschweine auftauchen, soll der harzige Geruch meine Witterung überdecken. Drinnen im Zelt brauchen meine Augen eine Weile, um sich an das Dunkel zu gewöhnen. Vorsichtig schiebe ich das große Tele durch den Stofftunnel an der Vorderseite, richte es auf die Dickung und drücke die Stativbeine fest in den Boden. Eine halbe Sekunde zeigt der Belichtungsmesser, also noch viel zu duster. Wieder warten – horchen auf das Spechtgetrommel und das Schlagen der Buchfinken ... Nach ungefähr einer halben Stunde schnürt ein Fuchs, den Fang am Boden, aus der Dickung den Forstweg entlang, mal rechts, links, und im Halbkreis rückwärts in der eigenen Spur. Ein Amselhahn hat ihn bemerkt und zetert seine Entdeckung in den Wald. Eichelhäherlärm. Der Rote verharrt, lauscht, die Lunte spielend in der Luft, und verschwindet lautlos im Schutz der Büsche.

Ich spähe durch den mit Gaze verkleideten Schlitz neben dem Objektiv. Ton in Ton verschwimmen die kahlen Büsche in beige und hellbraun. Hier und da mal ein erstes grünes Blatt, einige rötliche Spieren, darunter lichtes Gras. Das bewegt sich jetzt, ein schwarz-weißes Büschel krabbelt an die Oberfläche und kuschelt sich etwas unbeholfen auf seinen gestreiften Nachbarn ... Schwarz-weißes Büschel? Sofort bin ich hinter der Kamera. Da liegen sie, ein ganzer Haufen Frischlinge, direkt vor meiner Nase. Und ich sitze hier eine geschlagene Stunde und starre Löcher in die Landschaft! Behutsam richte ich das Tele auf den Rand des Kessels. Runzlige Rüsselnasen ruckeln sich unter die warmen Wildschweinbäuche ihrer Nachbarn. Zu wem all die Füße und Beine gehören, ist schwer zu sagen, aber 14 Rücken oder Köpfe zähle ich in dem schlafenden Durch-

Anwesenheitskontrolle: In den ersten Lebenswochen lässt die Bache ihre Frischlinge nie unbeaufsichtigt.

einander. Oben werden einige unruhig. Aha, da kommt einer von ganz unten, drängelt sich ans Licht, streckt sich genüsslich und tapst nach einem kleinen Spaziergang zurück in den Kessel. Alles sehr eng. Der Kleine findet keinen rechten Platz. Von links und rechts schubsen die Kollegen und stoßen ihm die Rüssel in die Flanken. Schließlich lässt er sich einfach fallen und macht es sich trotz Ruckelei und Protesten wieder gemütlich. Sobald ich die Augen ein bisschen zusammenkneife, verschwimmt ihr Streifenmuster im Gewirr aus Gras und Gesträuch, eine perfekte Tarnung – abgesehen von den beiden schwarz-weiß Gefleckten natürlich. Da muss irgendwann mal jemand fremd gegangen sein ...

Hier in der Umgebung von Mohács, keine zehn Kilometer von der kroatischen Grenze, treiben die Bauern ihre Schweine seit jeher in die fruchtbaren Wiesen und Brachflächen im Schwemmland der Donau. Da kommt es schon mal zu Begegnungen mit Wildschweinkeilern aus

DA LIEGEN DIE FRISCHLINGE, DIREKT VOR MEINER NASE. UND ICH STARRE HIER SEIT EINER STUNDE LÖCHER IN DIE LANDSCHAFT!

den Auwäldern, die die Sauen der Bauern decken oder „beschlagen", wie die Jäger es nennen. Genauso wenig sind wilde Bachen vor streunenden Hausebern sicher.

Wissenschaftler vermuten, dass sich Hausschwein-Gene durch die Jahrhunderte der Waldweide- und Offenlandwirtschaft unauslöschlich in den europäischen Schwarzwildpopulationen festgesetzt haben. „Bunte" Sauen sind aber unerwünscht, weil man davon ausgeht, dass sie anfälliger für Krankheiten und unzureichend an das Leben in der Natur angepasst sind. Demzufolge gilt auch in Deutschland: Auf rosa Rüssel und Ringelschwanz, auf helle Schalen und kurzen Kopf wird scharf geschossen. Diese äußeren Merkmale werden rezessiv vererbt. Vereinfacht ausgedrückt heißt das: Wildfarbener Keiler und wildfarbene Bache müssen beide über die entsprechende genetische Vorbelastung verfügen, damit sich jene anderen Merkmale im Aussehen der Jungtiere niederschlagen. Trägt nur ein Elterntier solche Erbinformationen, sind sie immerhin im genetischen Potenzial des Nachwuchses angelegt. Dadurch, dass junge Keiler dann im Alter von 14 bis 18 Monaten ihre Rotten verlassen, können diese Veranlagungen später bei der Fortpflanzung auf die Mitglieder anderer Rotten übertragen werden und sich weiter ausbreiten.

Die kleinen Racker hier wird es kaum interessieren, wie sie an ihr Milchvieh-Muster gekommen sind. Im Moment haben sie genug damit zu tun, ihre Körperwärme zu halten. Nach dem Verlassen des warmen Geburtskessels, in dem sie in den ersten Tagen nach dem Frischen liegen, suchen sie bei nasser oder kalter Witterung Körperkontakt zu ihren Altersgenossen, ein Grund, warum man Frischlinge im Frühjahr häufig „gehäuft" antrifft. Ihre bescheidene Schlafmulde am Himbeerdickicht ist mit einer dünnen Schicht aus Zweigen und Gras gepolstert und hat sicher zwei Meter Durchmesser. Scheinbar wähnen die Bachen ihren Nachwuchs in absoluter Sicherheit, sonst würde mindestens eine von ihnen in direkter Sichtweite bleiben oder in der Nähe ruhen, um die Jungtiere zu bewachen.

„Krikrikrikri!" Ein pechschwarzer Vogel rauscht im Bogenflug über das Dickicht. Chaos im Kessel! Beine,

Rüssel, Schwänze, alles purzelt, rennt, klettert und prustet durcheinander oder stiebt in Deckung, und im selben Moment tönt der Warnlaut der Bachen vom Wasser her. Ich suche noch den Schwarzspecht, der die Frischlinge gerade so unsanft aus ihrem Schlummer gerissen hat, schon nähert sich von rechts geräuschvolles Prusten und Planschen. Die Bachen waren also doch in der Nähe! Der Nachwuchs berappelt sich schon wieder und steht zu Vieren oder Fünfen eng beieinander. Zurück in den Kessel wollen sie noch nicht. Wer weiß, ob der schwarze Schreihals noch einmal zurückkommt.

Auf der rechten Wegseite raschelt Laub, ganz leise nur, dafür atmet jemand umso lauter. Die Eiche versperrt mir die Sicht auf den schmalen offenen Saum hinter den Büschen am Weg. Da, wieder das typische Blasen der Bache. Sie ist beunruhigt, wittert die Aufregung der Frischlinge, weiß aber nicht genau, was eigentlich los ist. Als sie einige Schritte nach vorn macht, sehe ich ihre Konturen zwischen dem Hellgrün der Schwarzdornblätter. Bewegungslos steht sie da, nur die Rüsselscheibe – der Wurf – prüft wie ein duftempfindlicher Radar den Wind. In kurzen Abständen reckt sie den schmalen Kopf hoch in die Luft, dann wieder tief nach unten. Ich klammere mich an die Kamera und blinzele durch die rechte Stoffklappe. So nah dran, wie sie ist, spielt die Windrichtung jetzt kaum eine Rolle. Nun wird sich zeigen, was meine Tarnung wert ist, wenn ich drinnen sitze. Die Frischlinge haben die Alte überhaupt nicht bemerkt und versammeln sich wieder im Kessel. Das Gerangel um die wärmsten Plätze in der Mitte ist in vollem Gange, während die Leitbache unablässig windet. Urplötzlich prescht sie in drei, vier Sprüngen über den Weg und verschwindet in den Himbeeren. Hat sie mich bemerkt? Kein Laut von den anderen drei Bachen. Nur die Frischlinge sind schon wieder auf den Läufen. Kurz darauf bemerke ich einen dunklen Körper, der hinter den Jungen durch das Dickicht schleicht. Ich muss schmunzeln – der alte Trick! Die Leitbache schlägt einen Bogen um den Tatort und versucht, unter Wind zu kommen. Ein absolut wildschweintypisches Verhalten.So haben die Sauen dank ihrer feinen Nase schon oft meine Verstecke aufgedeckt.

Moorenten sind in den Donauwäldern ein seltener Anblick.

Heute habe ich Glück. Nach einigen Minuten tritt die Leitbache langsam aus den Sträuchern ins Freie, windet noch ein paar Mal in alle Richtungen und trottet dann mit einem beruhigenden Grunzen auf den Kessel zu. Entwarnung, auch für mich. Die drei anderen Mütter zuckeln grunzend über den Weg, einige Frischlinge laufen ihnen entgegen – es wimmelt geradezu vor Wildschweinen. Der Motor meiner Kamera rappelt – sofort haben die Bachen die Köpfe oben. Ein Hagel von Wildschweinblicken bohrt sich durch die Zweige, das Tarnnetz, den Baumwollstoff, meine Jacke. Dreimal das Gefühl des Keilerblicks von heute Morgen. Und das bei bestem Licht. Ich fühle mich, als hätte mich ein Zauberer gerade an den Ohren aus seinem Zylinder gezogen. Wieder das Blasen, im Trio dieses Mal. Vier, fünf schnelle Schritte der Leitbache in Richtung Tarnzelt. Sichern, angestrengte Konzentration. Die vierte Bache bleibt erstaunlich entspannt, und während die übrigen Jungtiere in ihren Bewegungen eingeroren sind, quengeln drei Frischlinge ihr quiekend um die Fersen. Die drei älteren Bachen sind sichtlich irritiert und veranlassen ihre Jungtiere dann mit leisem Grunzen zum verhaltenen Rückzug. Ohne sich noch einmal Wind zu holen, ganz so, als hätten sie ohnehin längst gehen wollen, zieht die Rotte ungedeckt und gegen den Wind auf dem Forstweg von dannen.

Drei Stunden brennt die Sonne danach auf mein Versteck. Und obwohl ich alle Klappen geöffnet habe, ist das Zelt eine Sauna. Mittlerweile ist es nach Zwölf. Die Sauen haben sich wohl längst zur Mittagsruhe in einen sicheren Einstand verzogen. Sie zu suchen, wäre ziemlich aussichtslos. Also gehe ich zurück zum Boot, lasse meine dampfenden Füße eine Weile im kühlen Wasser baumeln und fahre zurück.

Als ich aus der Biegung auf die alten Weiden zusteuere, sehe ich Tamás' grünen Lada, der neben dem Jagdhäuschen parkt. An der Böschung wartet Zóli, ebenfalls Nationalparkranger. Er winkt und hilft mir mit der Ausrüstung. Im Gegensatz zu Tamás spricht er einige Brocken Englisch, sodass wir uns mit etwas weniger Händen und Füßen verständigen können. Sie haben Tische und Bänke nach draußen gebracht, und Tamás

„Heute Morgen waren sie noch hier“. – Zóli und Tamász begutachten eine Suhle (links)

Weil sie kaum Schweißdrüsen haben, suchen Wildschweine im Sommer Kühlung an schlammigen Ufern oder im Wasser.

beugt sich mit Messer und Schürze über einen der großen Hordentöpfe. „Mittage Essen!“ grinst er zu uns herüber und hält einen kapitalen Zander in die Höhe. Zóli gibt mir zu verstehen, dass sie heute Morgen drei „hal-falás“, Fischdiebe, geschnappt hätten. Unten bei den Seen.

Die Rot- und Schwarzwildbestände in den Revieren der Jagdgenossenschaft von Gemenc, zu der dieser junge Teil des Donau-Drau-Nationalparks gehört, sind weltberühmt. Vor allem im Herbst kommen Jäger aus ganz Europa und Übersee nach Móhacs, um ihren „Lebenshirsch“ zu schießen. 3.000 Euro und weit mehr investieren sie in das Erlebnis und eine kapitale Trophäe. Starke Keiler sind längst nicht so teuer. Der Abschuss eines alten Bassen kostet je nach Länge seiner Gewehre, der Zähne im Unterkiefer, etwa 2.500 Euro. In der Pauschale sind meist noch weitere Wildschweinabschüsse enthalten, etwa von Frischlingen oder Überläufern.

Der legendäre Wildreichtum war einer der Gründe, aus dem ich damals mit Tamás und Zóli Kontakt aufgenom-

men hatte. Seit die Wälder rechts und links der Donau von Móhacs bis zur kroatischen Grenze vor einigen Jahren dem Nationalpark angegliedert wurden, beaufsichtigen die beiden mehr als 30.000 Hektar Auwälder, Wiesen, Seen und Altarme und 13 Flusskilometer bis zur kroatischen Grenze.

„Paradies", schmunzelt Tamás und deutet auf „seinen" Wald. Besonders für Wildschweine; denn Laubbäume, Wiesen mit einer Vielfalt von Gräsern und Kräutern, die Möglichkeit zur eiweißreichen Kostaufbesserung durch Mäuse, Amphibien und Fische, ausgedehnte Ruhebereiche und Dickungen zur Aufzucht der Jungen, relative Ungestörtheit und feuchte, sumpfige Stellen zum Suhlen bieten den Tieren alles, was sie brauchen: Nahrung, Deckung, Ruhe und Wasser.

Wasser, das war wohl der Grund, warum die Rotte bereits drei Tage nach meinem Erlebnis mit dem Keiler plötzlich verschwunden war. Der Pegel stieg in dieser Nacht um mehr als 20 Zentimeter. Eine akute Bedrohung für die Frischlinge am Forstweg, die mir erst bewusst wurde, als ich in der Dunkelheitimmer häufiger in Pfützen trat. Schließlich lebte die Rotte quasi auf einer „Insel": auf drei Seiten eingeschlossen vom Frühjahrshochwasser der Donau. Die Mulde am Dickicht lag im Dämmerlicht wie ein glitzernder runder Spiegel vor mir. Das Wasser hatte das Schlafzimmer der Frischlinge über Nacht in eine Badewanne verwandelt. Jetzt hoffte ich nur, dass die Bachen sie rechtzeitig über den Damm in ein höher gelegenes Waldgebiet in Sicherheit gebracht hatten. Für die älteren Tiere ist das Hochwasser kein Problem. Wildschweine schwimmen hervorragend, auch über weite Strecken – vor zwei Jahren retteten Fischer eine Bache aus dem Atlantik, 15 Kilometer vor der spanischen Küste –, aber im Alter von wenigen Wochen reicht die Kraft der Frischlinge noch nicht für längere Schwimmmanöver. Tamás hatte lebhaft davon berichtet, wie er jedes Jahr einige gestrandete Tiere aus den überfluteten Wäldern rettet. Neben einer Wildkatze und einigen Baummardern waren es vor zwei Jahren fünf Frischlinge, die sich in den Stumpf einer Kopfweide geflüchtet hatten.

Wissenschaftler vermuten die Wildschweinwiege in den Sumpf- und Schwemmwäldern Sumatras und In-

diens. Zahlreiche anatomische und physiologische Anpassungen deuten darauf hin: das gut ausgebildete Schwimmvermögen, weit spreizbare Klauen, die eine Fortbewegung auf nassem, sumpfigem Grund erleichtern, eine lang gestreckte Schnauzenpartie mit dem hochempfindlichen Wurf, der dank hochsensibler Tasthaare das Aufspüren kleinster Nahrungsteile auch in tiefgründigem Boden ermöglicht, und nicht zuletzt das außerordentlich gute Riechvermögen, das selbst bei Nacht und Nebel detaillierte Informationen über die belebte und unbelebte Umwelt der Tiere liefert. Die wildschweinfreundlichen Auwälder Süd- und Südosteuropas und die Sumpfgebiete in der Camargue, der Maremma oder dem Donau-Delta sind die europäischen Pendants zu den Habitaten in

DIE AUWÄLDER UND SUMPFGEBIETE SÜD- UND SÜDOSTEUROPAS ENTSPRECHEN DEN URSPRÜNGLICHEN WILDSCHWEINHABITATEN ASIENS.

Bunte Vielfalt:
In den Donauwäldern blüht im Frühjahr stellenweise der Hohle Lerchensporn, und Laubfrösche keckern bis tief in die Nacht

Asien. Doch die Wasserstände schwanken im Jahresverlauf ganz enorm und mit ihnen das Angebot an Nahrung und Deckung. Wo sich lebenswichtige Umweltbedingungen im Jahresverlauf so stark veränderten, entstanden im Laufe der Evolution bei vielen Tierarten Anpassungen an diese Unsicherheiten. Beim Schwarzwild sind sie äußerst vielfältig und tragen dazu bei, dass sich die Art in sehr unterschiedlichen Habitaten heimisch fühlt, von der Küste bis ins Gebirge.

Als ich am nächsten Morgen aus dem Fenster schaue, hat das Wasser den Brennholzschuppen erreicht. Fünf Schritte von der Türschwelle entfernt schwappt es um die Füße der Holzbänke, auf denen ich in den letzten drei Wochen häufig mit Tamás und Zolí gesessen hatte, bei Welsbraten oder einem Gläschen Tokajer. Heute kommen sie mit dem Motorboot vom Deich herüber und evakuieren mich aus dem kleinen „Wasserschloss" im Donauwald.

Streitende Bachen: Konkurrenz um Nahrung sorgt immer wieder für kurze Rangeleien.

Von Supersauen und Zwergwildschweinen

Von Supersauen und Zwergwildschweinen

Sie konnte sich nicht mehr rühren, so sehr hatte man sie gemästet. Und auf die Waage hätte sie es ohne die Hilfe von fünfzehn Männern nie geschafft. Da lag sie dann, die Siegerin des Gewichtswettbewerbes einer buddhistischen Gemeinde in Taipeh, ein Schwein mit den Dimensionen eines Kleinwagens, „made in Taiwan", und das Messinstrument verließen bei über einer Tonne Gewicht alle guten Geister. Der erste Preis ist ein Ehrenplatz ihres Hauptes neben denen anderer Schwergewichte in der Trophäengalerie des Gemeindetempels.
Zum Vergleich: Der schwerste europäische Wildschweinkeiler, von dem ich erfahren habe, wurde 2001 in Rumänien geschossen und wog aufgebrochen 335 Kilogramm; das sind über 400 Kilogramm Lebendgewicht.

„Bettina" war vor 75 Jahren ebenfalls ein echtes Rekordschwein. Nicht wegen ihrer Pfunde, sondern wegen der 175 Ferkel, die sie zu Lebzeiten in die Welt gesetzt hatte. Doch vorbei sind die goldenen Zwanziger. Heute will ein Bedarf von fast 40 Kilogramm Schweinefleisch pro Jahr und deutschem Durchschnittsbürger gedeckt werden. Da müssen ganz andere Kaliber her. So wie Sau „Isar", Mutter von 230 Nachkommen und aktuelle Rekordproduzentin. Undenkbar für Wildschweine: Bei einem Wurf pro Jahr und einer großzügig angesetzten Durchschnittszahl von sieben Frischlingen kann eine Bache in ihrer reproduktiven Phase etwa 50 Jungtiere zur Welt bringen.

WELTWEIT WERDEN EINE MILLIARDE SCHWEINE GEHALTEN.

Die geschilderten Fälle sind Extreme, verdeutlichen aber, was für ein Potenzial das Wildschwein für die Domestikation mitbringt. Der Mensch machte sich diese Eigenschaften zu Nutze, und dass die Schweinezucht heute einen Spitzenplatz bei der Fleischversorgung der Weltbevölkerung einnimmt, verdeutlichen folgende Zahlen. Eine Milliarde Schweine werden weltweit gehalten, davon mehr als die Hälfte in Asien und immerhin 35 Millionen Tiere in Deutschland.

Hällische Schweine (links) und Ungarische Wollschweine (oben). – S. 32/33: Durch das Einkreuzen von Wildschweinen will man den robusten, schwarz-weißen Typus des Deutschen Weideschweins rückzüchten und in der Landschaftspflege einsetzen.

Schweinische Verwandtschaft: Pinselohrschweine aus den Regenwäldern Afrikas (links u. ganz unten), Bartschwein aus den Tropen Südostasiens (unten)

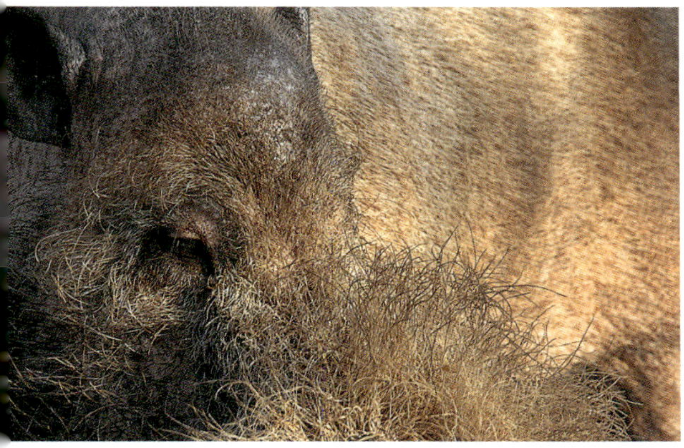

Die Ursprünge dieser Hochleistungszucht liegen in der Jungsteinzeit. Das belegen Knochenfunde aus dem achten oder neunten Jahrtausend vor Christus aus Siedlungen im heutigen Griechenland und der Türkei. Weil die Versorgung und Haltung der Tiere mit Zeit- und Arbeitsaufwand verbunden war, ermöglichten erst Fortschritte beim Ackerbau eine kontinuierliche Fütterung der Haustiere. Im Gegenzug verhalfen sie ihren Besitzern zu einer wachsenden Unabhängigkeit gegenüber den Fährnissen der Natur und den Zufällen bei der Jagd.

Wildschweine erfüllen alle Voraussetzungen für eine erfolgreiche Domestikation. Sie lassen sich leicht halten und auf den Menschen prägen, sind Allesfresser und damit wertvolle Abfallverwerter im bäuerlichen Kleinkreislauf, haben eine hohe Fruchtbarkeit und ein rasches Jugendwachstum: erhebliche Vorteile gegenüber Wildschafen und -ziegen, die vor dem Schwein domestiziert worden waren.

Bis etwa 4000 v. Chr. nahmen Volksgruppen im gesamten Verbreitungsgebiet von *Sus scrofa* die Haltung von Wildschweinen auf, lange bevor die Domestikation von Auerochse oder Wildpferd begann. In China entstand mit dem Maskenschwein die älteste Schweinerasse der Welt, während sich in Mitteleuropa das Aussehen der gezähmten Wildschweine bis ins frühe Mittelalter kaum veränderte. Sie waren immer noch borstig und stark behaart und verfügten über eine wildschweinähnliche längliche Schädelform.

Überlieferungen aus dem Früh- und Hochmittelalter über die Waldweide- und Hutewirtschaft lassen vermuten, welchen Wirtschaftsfaktor das Hausschwein zu dieser Zeit bereits darstellte. In guten Mastjahren überstiegen die Einnahmen aus der Verpachtung von Waldflächen zur Schweinemast die Einkünfte aus dem Holzeinschlag um das Drei- bis Vierfache. Zu Tausenden wurden Schweine im Herbst in die Wälder getrieben, wo sie bei ausreichendem Vorkommen von Eicheln und Bucheckern pro Tag ein gutes Pfund zulegten. Ein gewichtiges Geschäft für Fürsten, Kirchen und ihre Lehnsherren, wenn man bedenkt, dass man im Reinhardswald bei Kassel in Spitzenzeiten bis zu 200.000 Schweine mästete. Das Bevölke-

Wildschweinfleisch („cinghiale“) gilt nicht nur in Italien seit Jahrhunderten als Delikatesse.

rungswachstum hatte einen massiven Holzeinschlag und eine unkontrollierte Übernutzung der Wälder zur Folge. Wo Hutewälder rar wurden, trieb man die Tiere in Offenlandbereiche, vor allem in Sumpfgebiete und Flussauen.

Revolutionäre Verfahren in der Landwirtschaft ermöglichten im 18. und 19. Jahrhundert die lückenlose Versorgung immer größerer Haustierbestände mit Futter. Als Folge wurde die Offenlandhaltung fast überall aufgegeben. Während der Kolonialzeit und darüber hinaus gelangten Wildschweine oder auch Wildschwein-Hausschwein-Kreuzungen in Länder, die nicht zum eigentlichen Verbreitungsgebiet gehörten. James Cook brachte sie nach Neuseeland und Australien, wo sie zur Bekämpfung der vielen Giftschlangen ausgesetzt wurden – ein Experiment, das den Schlangen nicht geschadet hat, wohl aber den australischen Farmern. Aktuell richten etwa sieben Millionen verwilderte Nachkommen der Schlangenbekämpfer massive Ernteschäden an. Auswilderungen in Nord- und Südamerika galten dagegen in erster Linie der Einfuhr eines neuen jagdlich nutzbaren Tieres. Währenddessen erlebte Europa bis ins 19. Jahrhundert eine Phase der intensiven Rassezucht, die Vertreter mit fetthaltigem Fleisch förderte, bis sich die „Fleischeslust“ der Mitteleuropäer nach dem Zweiten Weltkrieg gehörig veränderte. Aufgrund von Erkenntnissen in der Ernährungsphysiologie, gesundheitlicher Aufklärung und weniger körperlicher Arbeit standen jetzt Rassen mit fettarmem Fleisch hoch im Kurs. Viele alte Schweinerassen starben daraufhin aus.

Akut vom Aussterben bedroht ist auch ein enger Verwandter des europäischen Wildschweins, das Zwergwildschwein (*Sus salvanius*), ein Bewohner der Graslandschaften in der indischen Provinz Assam, dessen Bestand in freier Wildbahn auf wenige Hundert Tiere geschätzt wird. Zur Rettung der zehn Kilogramm schweren Miniatur-Ausgabe eines Wildschweins wurde ein Erhaltungszuchtprogramm ins Leben gerufen, mit dessen Hilfe die Restpopulation durch in Gefangenschaft geborene Individuen gestützt werden soll.

Dass auch das Schwarzwild vor einigen Jahrhunderten in seiner Waldresidenz Europa kurz vor der Ausrot-

tung stand, erscheint bei der aktuellen Populationsdichte fast undenkbar. Doch wegen der exzessiven Bejagung und Zerstörung seiner Lebensräume war es um 1600 in den Niederlanden bereits ausgerottet, etwa 1650 folgte England. Anfang des 19. Jahrhunderts waren auch Dänemark, Schweden und die Slowakei wildschweinfrei. Sogar in Bayern, Baden-Württemberg und Schleswig Holstein und der Schweiz gab es lange Zeit fast keine Schwarzkittel mehr.

WILDSCHWEINE AUS DEN NEUEN BUNDESLÄNDERN SIND IM DURCHSCHNITT ETWA 20 Prozent SCHWERER ALS DIE „WESSIS".

Sechzehn Unterarten – hier streiten die Systematiker noch – bevölkern ein Verbreitungsgebiet, das in seiner Ausdehnung einmalig ist in der Tierwelt Europas und Asiens. Vom Iran bis auf die Britischen Inseln und von Nordafrika bis Finnland reicht das Areal, von Frankreich bis in die Mongolei, nach Ostsibirien und in Teile Südostasiens bis Malaysia. In Sumpfgebieten an den Küsten und bis auf 4.000 Meter Höhe kommen sie genauso vor wie in extremen Klimaten: von trockener Buschsavanne bis in Gebiete mit Wintertemperaturen von –50° C und mittleren maximalen Schneelagen bis 100 Zentimetern. Unterschiede im Körperbau und der Ernährungsweise sind Anpassungen an spezielle Anforderungen und die Klimate ihrer Lebensräume. Kleine, gedrungene Wildschweine der Unterart *S. s. castilianus*, kaum 80 Kilogramm schwer, leben an der Atlantikküste Spaniens und Portugals, während Vertreter aus der sibirischen Provinz Ussurien am östlichsten Rand des Vorkommens über 350

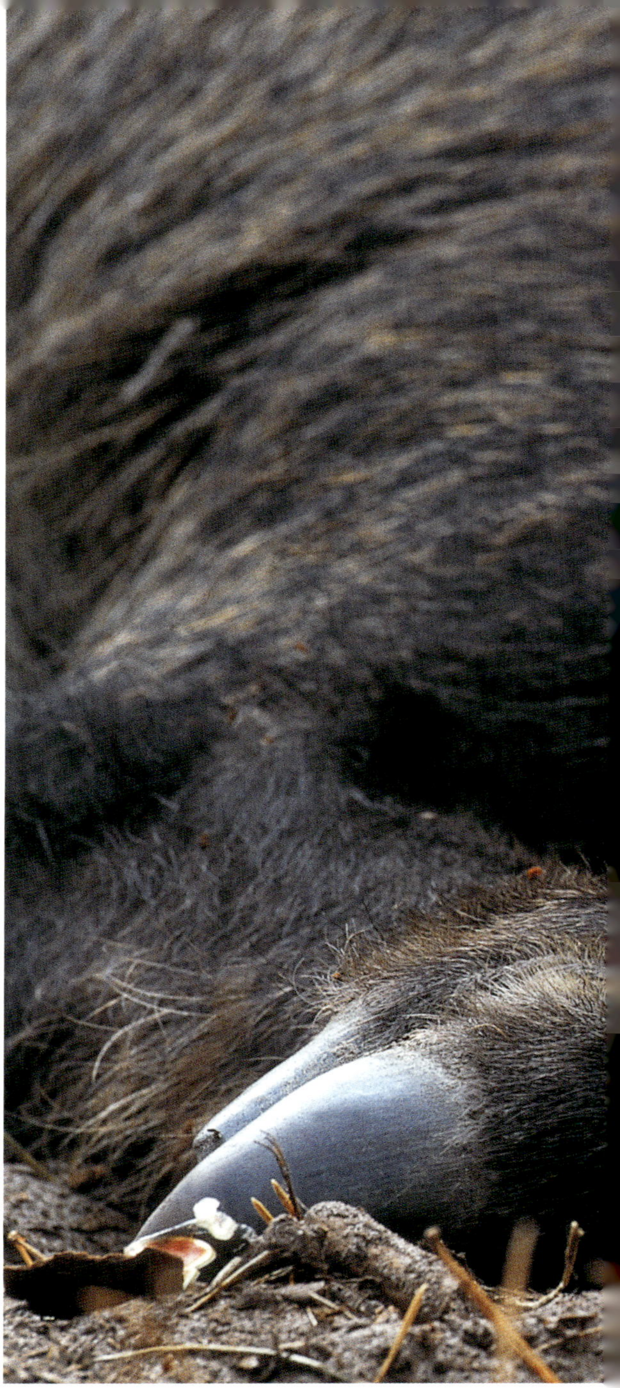

Das große Wühlen – mit fast 40 Prozent ihrer Muskelmasse im Hals- und Rückenbereich sind Wildschweine dafür wie geschaffen (kl. Foto). Spreizbare Klauen erleichtern die Fortbewegung in sumpfigem Gelände.

Kilogramm auf die Waage bringen. Aber auch innerhalb des Gebietes einer Unterart gibt es mitunter beträchtliche Größenunterschiede. So sind Wildschweine aus den neuen Bundesländern im Durchschnitt etwa 20 Prozent schwerer als die „Wessis“.

Die Formenvielfalt innerhalb der Gattung „Sus“ wird in der näheren Verwandtschaft noch deutlicher. Zum Skurrilitätenkabinett der Familie der *Suidae*, der Schweine, gehören so illustre Gestalten wie der Hirscheber aus Sulawesi, Borneo und umliegenden Inseln, so genannt wegen der absonderlichen geweihartigen Ausbildung der oberen und unteren Eckzähne männlicher Tiere. Oder die Pustelschweine mit ihren Gesichtswarzen und die zottigen Bartschweine aus Südostasien, die genauso zum Clan gehören wie die Warzenschweine der afrikanischen Savannen. Dazu gesellen sich bunte Pinselohrschweine und massige Waldschweine der Tropenwälder West- und Zentralafrikas. Verwandte gibt es auch in Mittel- und Südamerika mit der Familie der *Tayassuidae*, den Pekaris oder Nabelschweinen, die in Eurasien vor etlichen Millionen Jahren ausgestorben sind. Zumindest optisch nicht ganz so nahe steht den beiden oben genannten die evolutionsgeschichtlich jüngere Familie der Flusspferde mit dem bekannten „Nilpferd“ und den seltenen Zwergflusspferden Westafrikas. Was die Anatomie angeht – und in gewissem Rahmen auch das Verhalten –, gibt es allerdings stammesgeschichtlich bedeutende Übereinstimmungen. So gehören die echten Schweine, Pekaris und Flusspferde zur Unterordnung der *Suiformes* (allesamt Nichtwiederkäuer). Innerhalb der Klasse der Säugetiere bilden sie mit den *Ruminantia*, der Unterordnung der Wiederkäuer, zu denen auch Rot-, Dam-, und Rehwild gehören, die Ordnung der *Artiodactyla*, der Paarhufer.

Die Bestandsexplosion, die seit einigen Jahrzehnten in Mitteleuropa um sich greift, zeigt, wie souverän das Wildschwein den veränderten Umweltbedingungen dank einer Fülle morphologischer und physiologischer Anpassungen die borstige Stirn bietet. Und das weltweit. In Australien gelten verwilderte Haus-Wildschweine als „National Pest“, sodass Giftköder als legitimes Mittel erscheinen, der Schweineplage Herr zu werden. Frankreich betrachtet das Schwarzwild in 62 Départments als Landplage, und auch hierzulande gerät das Wildschwein mehr und mehr zum Politikum. Der Schlüssel, der ihnen Tür und Tor zur Kulturlandschaft öffnet, ist ein strenges Matriarchat unter erfahrener Führung: die Rotte.

Immer der Nase nach … Mit rund 500 Millionen Riechzellen verarbeiten Wildschweine den Duftcocktail in ihrem Lebensraum. Der Geruchssinn gibt ihnen präzise Auskunft über Freund oder Feind, Fressbares oder Ungenießbares.

Unterwegs mit Elli

Unterwegs mit Elli

Ich kenne „Elli“ nun schon fünf Jahre, trotzdem haben wir uns nie richtig angefreundet. Ein Grund dafür ist wohl, dass sie mich in vielen Dingen an die alte Kassiererin bei „Leo Schmidt“ erinnert, dem kleinen Supermarkt bei uns in der Siedlung. Immer montags rasten wir in ihren Laden – wir waren sicher, dass er ihr gehörte –, verjubelten unser Taschengeld vom Wochenende in Saure Gurken und Lakritzschnuller und rasten wieder 'raus, um den Schulbus nicht zu verpassen. Sie war eine gewaltige Dame mit gefährlichen kleinen Augen und riesigen fleischigen Ohrläppchen, viel Lippenstift, und in ihren Clogs klapperte sie militärisch durch die Gänge. Direkt hinter ihrer Kasse lagen die Süßigkeiten. Und wenn wir mit Gejohle durch die Obstabteilung darauf zu stürmten, stand sie urplötzlich im Gang, grimmig und resolut, und hielt uns eine Moralpredigt darüber, dass das doch kein Benehmen sei. Wurden wir frech, packte sie den Erstbesten am Ohr oder am Tornister und schleifte ihn aus dem Geschäft. Wir anderen wurden mucksmäuschenstill, wenn sie zurück zur Kasse schnaufte, und schlichen im Gänsemarsch an den Regalen entlang bis zu ihrem Kassiererinnen-Thron. Da lobte sie unser anständiges Verhalten, lächelte ihr rotestes Lächeln, und jeder bekam einen von diesen grünstieligen Kirschlollies, die so schrecklich an den Zähnen klebten.

ELLIS VERHALTEN GEGENÜBER IHREN FRISCHLINGEN IST EIN STÄNDIGER WECHSEL ZWISCHEN AUFOPFERUNG UND STRENGE.

Elli ist zwar „nur“ ein Wildschwein, aber sie erinnert mich immer wieder an die gutmütige Matrone aus dem Supermarkt. Besonders in ihrem Verhalten, das ein ständiger Wechsel ist zwischen Aufopferung und Strenge gegenüber ihren Frischlingen und den anderen Rottenmitgliedern. Als ich ihr das erste Mal bei meinen Streifzügen durch ein großes Gatterrevier im Wiehengebirge begegnete, war sie etwa fünf Jahre alt und Leitbache ihrer

Nach dem Suhlen schubbert sich Elli an einem so genannten „Malbaum". – S. 44/45: In der Prägephase werden die Frischlinge auf den Geruch ihrer Mutter und später den der Rotte „geeicht".

Rotte. Ihren Namen verdankte sie dem Verwalter des Gatters. Er wollte mir allerdings nicht verraten, wen er bei der Namensgebung vor Augen hatte …

Das Gatter war an Sommerwochenenden für Ausflügler und Spaziergänger geöffnet, was entscheidend dazu beitrug, dass mich die Rotte bald in ihrer Nähe akzeptierte. Bis auf Elli, die sich nicht so leicht durch eine mitgebrachte Möhre oder einen Knust Brot beschwichtigen ließ und immer zu einem unerwarteten Spurt in meine Richtung aufgelegt war – unabhängig davon, ob sie Frischlinge führte.

Als ich im November 2000 nach einer fast einjährigen Besuchspause auf ihre Rotte traf, hatte die Leitbache etliche Kilo mehr auf den Schinken und war noch wuchtiger, als ich sie vom letzten Mal in Erinnerung hatte. Durch mehrere Attacken gab sie mir zu verstehen, dass ein Mindestabstand von 20 Metern gefordert war. Hielt ich mich nicht daran, tauchte sie wie aus dem Nichts mit einem bedrohlichen Schnauben neben mir auf, die Nackenborsten aufgerichtet und ihren Angriff nur bremsend, weil ich schnellstens aufstand, das Stativ hoch nahm und sie energisch ansprach.

Ein lautes „Na!“ oder „Hey, hey, hey!“ hatte sie auch früher schon von ernsthaften Angriffen abgehalten. Ob hingegen der Reporter einer Berliner Zeitung seinen Vorschlag, man solle die Wildschweine bei einer Attacke laut anbellen, selbst ausprobiert hat, weiß ich nicht. In Gedanken an so manchen malträtierten Berliner Hund würde ich davon allerdings abraten.

Sobald ich ihr Streifgebiet erreiche, mache ich Elli und ihre Familie durch Reden oder Pfeifen auf mich aufmerksam. Aufgrund der Begrenzung des Gatters ist das „home range“ ihrer Rotte, wie ein Streifgebiet in der Biologie auch genannt wird, nur etwa 100 Hektar groß und überlappt an seinen Rändern mit dem anderer Familienverbände. Die Größe hängt in erster Linie davon ab, auf welchem Raum die Tiere ihr Grundbedürfnis nach Nahrung und Wasser, Deckung und Fortpflanzung befriedigen können. Aus dem Freiland weiß man, dass diese Gebiete mehr als 1.000 Hektar umfassen können und eine kleinere intensiv genutzte Kernzone beinhalten,

Die Frischlinge werden von den Bachen oft gemeinsam gesäugt. Bis sie etwa vier Wochen alt sind, herrscht freie Zitzenwahl. Einige kriegen trotzdem nie genug …

die sich im Jahresverlauf nur wenig verlagert. In diesem Kernbereich liegen oft die Tageseinstände der Rotte. Ein Grund, warum sie ihn gegen fremde Rotten heftig verteidigen.

Kein Wunder also, dass Elli die übrigen Rottenmitglieder sofort vor dem pfeifenden Eindringling warnt, als ich an einem regnerischen Aprilmorgen am Rand der Fichtenschonung wieder einmal auf Besuch bin. Gewichtig steht sie neben ihrem Kessel zwischen den Baumreihen, holt lautstark meinen Wind und mustert mein Duftprofil in aller Ausführlichkeit. In einiger Entfernung bleibe ich stehen und spreche sie ruhig an. Unter den tropfenden Nadeln hat sie einen Haufen Gras und frisch abgerissene Fichtenzweige zusammengetragen, aus dem fünf Frischlinge schläfrig in meine Richtung blinzeln. Die Leitbache macht einige Schritte um den Kessel herum, holt noch einmal Wind und kehrt dann mit entspanntem Grunzen zu ihrem Nachwuchs zurück. Sie akzeptiert meine Anwesenheit und höchstwahrscheinlich erkennt sie mich längst am Geruch. Erst jetzt bemerke ich eine zweite Bache etwas links von ihr, die sich ebenfalls mit ihren Frischlingen in die Schonung eingeschoben hat. „Nummer Drei“ und „Nummer Vier“ halten sich versteckt. Dafür zuckeln drei Frischlingsbachen und zwei kleine Keiler den Hang hinab auf mich zu und betteln mit eindringlichem Quieken um Futter. Als sie feststellen, dass es heute nichts zu holen gibt, stöbern sie noch ein wenig durch das nasse Gras und trotten zurück zu ihrer Familie.

In den nächsten zwei Stunden passiert so gut wie gar nichts. Bei sehr nasser oder kalter Witterung habe ich häufig beobachtet, dass die Sauen die Gemütlichkeit ihrer Kessel nur ungern verlassen. Dank einer dichten Lage isolierender Unterwolle und des darüber liegenden, Nässe abweisenden Borstenkleides lassen sie sich bei Schneefall mitunter komplett einschneien.

ABGESEHEN VON DEN FRISCHLINGEN IST EINE WILDSCHWEINROTTE EINE REINE FRAUENCLIQUE.

Kopfwäsche: Wildschweinmütter sind genauso zärtlich wie streng und unduldsam. Die tägliche Pflege fördert den Zusammenhalt und die Prägung auf den Muttergeruch.

Ich habe mich in der Nähe der Schonung an den Stamm einer Douglasie gesetzt, und zwar so, dass Elli mich sehen kann. Sie döst zwar, ist aber ständig auf der Hut. Ab und zu krabbeln die etwa vier Wochen alten Frischlinge in eine neue Position im Kessel sonst ist alles ruhig. Am Rand der Fichten liegt der ältere Nachwuchs gemeinsam in einer Mulde. Die Fünf sind die Überlebenden von 22 Jungtieren, die hier im letzten Jahr zur Welt kamen und sich seither bei ihren Müttern aufhalten. Abgesehen von den Frischlingen, den unter Einjährigen, ist eine Wildschweinrotte eine reine Frauenclique, deren Mitglieder alle miteinander verwandt sind. Als Leitbache ist Elli das zentrale und leitende Element des grunzenden Matriarchats. Sie bestimmt den Tagesablauf, führt ihre Rotte je nach Jahreszeit zu bewährten Nahrungs- und Ruheplätzen, verteidigt die Mitglieder gegen Feinde und fremde Artgenossen, ist ständig wachsam und synchronisiert sogar den Beginn der Paarungsbereitschaft, der so genannten „Rausche", unter den weiblichen Tieren. Sobald Elli „rauschig" wird, produziert ihr Körper neben Hormonen spezifische Pheromone, Duftstoffe also, die bei den übrigen Bachen die Brunst auslösen. Diese Synchronisation der Rausche bietet die Gewähr, dass alle Frischlinge etwa zu gleicher Zeit und unter besten Bedingungen zur Welt kommen und den Schutz und die Fürsorge der gesamten Rotte erfahren. Außerdem vermuten Wildbiologen, dass die Leitbache bei ungünstiger Ernährungs- oder Witterungslage dafür sorgt, dass Frischlingsbachen, die mit acht oder neun Monaten biologisch fortpflanzungsfähig wären, nicht in die Rausche kommen. Beobachtungen in Rotten mit einer intakten Sozialstruktur belegen das. So bleibt die Populationsdichte auf einem Niveau, das dem Lebensraum angemessen ist.

Im Spätsommer oder Herbst obliegt Elli eine weitere wichtige Aufgabe: Zusammen mit der jeweiligen Mutterbache beißt sie die 14 bis 18 Monate alten Überläuferkeiler so lange ab, bis diese die Rotte verlassen. Auch kein anderer Familienverband wird die Jungkeiler in ihrer Nähe dulden, sodass sie sich anderen Jungmännern anschließen, in kleinen Gruppen umherziehen und oft in weit entfernte Gebiete abwandern. Markierte Tiere wurden bereits

aus über 150 Kilometern Entfernung von ihrer Geburtsstätte rückgemeldet. Solche Abwanderungen kennt man auch von vielen anderen sozialen Tierarten. Bevor die Männchen an der Fortpflanzung teilnehmen können, werden sie von ihren Müttern und Tanten vor die Tür gesetzt ... – ein äußerst wirkungsvolles Verhalten, dass die Population vor Inzucht in den Mutterfamilien bewahrt. Am späteren Vormittag klart es auf, und endlich kommt Bewegung in die Rotte. Nach allgemeinem Gähnen und Strecken schüttelt Elli sich die Feuchtigkeit aus den Borsten, schaut sicherheitshalber zu mir herüber und trabt mit einem Grunzen auf den Buchenwald zu. Das ist das Zeichen für die Frischlinge und die übrigen Rottenmitglieder, ebenfalls auf die Läufe zu kommen und sich der Leitbache anzuschließen. In dem hügeligen Gelände habe ich Mühe, die Tiere nicht aus den Augen zu verlieren, doch nach wenigen hundert Metern macht die ganze Truppe Halt. Die Frischlinge haben Hunger und fordern ihre Mütter mit ohrenbetäubendem Quieken zum Säugen auf. Ellis Fünf hängen ihr quasi am Rockzipfel und stromern quengelnd um ihre Läufe, was sie ziemlich nervös zu machen scheint. Immer wieder dreht sie sich im Kreis, um die kleinen Plagegeister abzuschütteln. Die anderen Muttertiere geben dem Gezeter nach und legen sich nahe beieinander ins Laub. Sofort sind die Kleinen zur Stelle und stürmen an die mütterliche Milchbar.

Bis sie etwa zwei Wochen alt sind, genießen die Frischlinge Narrenfreiheit bei der Suche nach einer ergiebigen Milchquelle. Alle führenden Bachen einer Rotte lassen den Nachwuchs trinken, egal ob er aus eigener oder fremder „Produktion“ stammt. Die Jungtiere nutzen das redlich aus und wechseln in wildem Durcheinander von einer Bache zur nächsten, massieren zuerst die Gegend um die Zitzen, um den Milchfluss anzuregen, und nuckeln dann drauf los. Die beiden Milchdrüsen vor den Hinterläufen der Bache sind am ergiebigsten, und nach zwei oder drei Wochen gibt es ein heftiges Gerangel um diese Vorzugsplätze. Wenig später ist die Saugordnung festgelegt, jeder Frischling hat „seine“ Zitze, verteidigt sie gegen Geschwister und entferntere Verwandte, und ab sofort verjagen die Bachen fremden Nachwuchs, der bei

Hoppla! – Mit einer einzigen Kopfbewegung schleudert die Bache gleich mehrere Frischlinge durch die Luft. Ältere Frischlinge stehen als Nahrungskonkurrenten in der Rottenhierarchie ganz unten.

Allesfresser par excellence: Wurzeln, Pilze, Insekten oder auch mal ein Rehkitz – was auch immer die Wildschweinnase aufstöbert, wird auf Fressbarkeit getestet. Den verluderten Jungfuchs (ganz rechts) rührte Ellis Rotte aber nicht an.

ihnen trinken will. Elli reagiert oft sehr heftig, wenn Fremdgänger sich bei ihr einschleichen wollen. Schneller, als man es ihr bei ihrer Fülle zutrauen würde, rappelt sie sich auf und beißt die Mundräuber in die Flucht oder befördert sie mit dem Rüssel einige Meter durch die Luft. Scheinbar fließt jetzt Milch in Strömen, denn nach dem vorausgegangenen Ruckeln, Pressen und Massieren der Zitzen herrscht nun trunkene Ruhe. Hatten die Bachen beim Massieren ihres Gesäuges noch ein wohliges Grunzen geäußert, ist auch dies jetzt verstummt. Dicht dabei, mit gesenktem Kopf und Wurf an Wurf mit der Mutter, stehen auch zwei der weiblichen Überläufer; so als seien sie beleidigt, weil alle Aufmerksamkeit den Frischlingen gilt. Ein paar Mal konnte ich beobachten, wie sie nach ihren jüngeren Geschwistern selbst an einer Zitze zu ein paar hastigen Schlucken ansetzten. Die Mütter tolerierten das. Vielleicht als Ausgleich dafür, dass die älteren Jungtiere bereits Schutz- und Betreuungsfunktionen für die Jüngeren übernehmen. Auf die Art sammeln sie wichtige Erfahrungen im Umgang mit ihrem zukünftigen Nachwuchs.

WILDSCHWEINE SIND GERADEZU KLASSISCHE ALLESFRESSER UND AUF TIERISCHE ZUSATZKOST DRINGEND ANGEWIESEN.

Elli ist als Erste wieder auf den Beinen, sitzt einen Moment auf ihren Keulen und folgt dann dem Wechsel bis zum Waldrand, wo der Adlerfarn in Massen aus dem Boden schießt. Hier machen die geraden Silberstämme der Buchen einem nicht gezäunten Fichtenjungwuchs Platz, und sofort beginnen die Bachen, am Waldrand in der feuchten Erde nach Regenwürmern und Insektenlarven zu brechen. Wildschweine sind geradezu klassische Allesfresser und auf tierische Zusatzkost dringend angewiesen. Während Wiederkäuer quasi „on board“ mit lebenswichtigen Vitaminen versorgt werden, weil Mikroorganismen in ihrem Verdauungstrakt wertvolle Aminosäuren für deren Synthese produzieren, müssen Wildschweine Vitamine wie A und B 12 direkt mit der Nahrung

aufnehmen. Wissenschaftler konnten tierische Nahrungsbestandteile ganzjährig in den Mägen von Wildschweinen nachweisen, während pflanzliche Überreste je nach Verfügbarkeit vorhanden waren.

Die Frischlinge tun es ihren Müttern anfangs gleich, werden dann aber immer unruhiger und toben ausgelassen herum, jagen sich durch die Farntriebe und drängeln sich Schulter an Schulter durch die Fichten – üben für später. Genau wie die beiden, die schon mal das Aufreiten bei der Paarung proben.

Im Spiel werden die Bewegungsabläufe vieler Verhaltensweisen geschult und durch Lernen am Objekt verbessert. Das Wühlen beispielsweise ist angeboren und in seinem gesamten Bewegungsablauf fast eine Stereotypie, während das Ausgraben und Fangen von Mäusen daraus erst entwickelt wird und die Tiere es dabei zu einer ganz unterschiedlichen Perfektion bringen können. Was ein Tier lernen kann, wird ganz wesentlich von den ökologischen Rahmenbedingungen bestimmt. Bei Wildschweinen ist das zum Beispiel die Kenntnis von Nahrungs- und Ruheplätzen, die von den Bachen an ihren Nachwuchs weitervermittelt wird. Tiertrainer erzählten mir, dass Haus- und Wildschweine genauso viele Befehle lernen können wie ausgezeichnete Gebrauchshunde. Entscheidend für das Lernen ist die Prägephase, die ersten Stunden und Tage im Frischlingsleben, in denen die Neugeborenen auf die Stimme und den Geruch ihrer Mutter geprägt werden. Das gegenseitige Erkennen fördert den Zusammenhalt in der Rotte und verhindert ständige Auseinandersetzungen und Rangkämpfe. Bis zum Alter von drei oder vier Monaten, solange sie von ihrer Mutter gesäugt werden und das typische Streifenmuster tragen, können sich die Frischlinge noch jeden Verstoß gegen die Rangordnung erlauben. Dann haben sie eine eigene Hierarchie ausgefochten und müssen sich als Nahrungskonkurrenten gegen die anderen Rottenmitglieder behaupten. Unterstützung erhalten sie dabei von ihren Mutterbachen. Hier beweist Elli echte Mutterqualitäten und staucht die anderen drei Bachen zusammen, wann immer sie den Frischlingen der Leitbache gegenüber zu ruppig werden.

Was zum Überleben wichtig u nicht angeboren ist, lernen die Frischlinge von der Mutterbac und dem Rest der Rotte.

Die Mittagszeit verbringt die Rotte schlafend im Schutz der Fichten. Wären da nicht ab und zu ein Frischling, der Radau macht, oder das stündliche Säugen, würde niemand bemerken, dass zwischen den niedrigen Bäumen 30 Wildschweine in der Sonne ruhen. Am Spätnachmittag ziehen wir durch hochstämmige Fichten einen steilen Hang hinauf, auf dessen Kuppe sich ein kleiner Bestand alter Eichen ausbreitet. Es ist immer wieder faszinierend zu beobachten, wie alle Rottenmitglieder auf dem kaum 20 Zentimeter breiten Wechsel fast in einer Spur laufen. Dabei tritt nicht nur das einzelne Tier mit den Hinterläufen zentimetergenau in die Trittsiegel seiner Vorderschalen, nein, auch die Fährten der ganzen Rotte verlaufen nahezu exakt auf einer Linie. Man weiß bis heute nicht genau, ob Sekrete aus den so genannten Carpaldrüsen an den Vorderläufen der Bachen den übrigen Rottenmitgliedern das Halten der Spur erleichtern. Haben einzelne Tiere jedoch den Anschluss zur Rotte verloren, bewegen sie sich oft wie ein Spürhund, mit dem Wurf am Boden Witterung nehmend, genau auf der Linie ihrer „Vorläufer“. Fest steht, dass die von den Carpal- und anderen Drüsen abgesonderten Duftstoffe eine wichtige Rolle spielen, damit die Frischlinge ihre Mutter sicher erkennen können.

Wildschweine leben in einer Welt aus Gerüchen. Sie besitzen außerordentlich große Riechkolben, Ausstülpungen des Großhirns, die in jede Nasenhälfte ragen, und Nasenschleimhäute mit einer Oberfläche von mehr als 300 Quadratzentimetern. Deren empfindliches Epithel ist fast einen Zehntel Millimeter dick und gespickt mit über 500 Millionen Riechzellen. Das sind mehr als 50-mal so viel wie beim Menschen. Gerade bei Säugetieren, die im Wald leben, ist dieser älteste Fernsinn der Erdgeschichte hervorragend ausgebildet. Duftmoleküle liefern selbst bei Nacht und Nebel und über Geländebrücken hinweg zuverlässige Informationen über alles, was da kreucht und fleucht im Wildschweinlebensraum.

Außerdem verfügt jede Säugetierart über ein spezifisches Duftspektrum, auf das ihre Riechzellen besonders schnell ansprechen. Für Wildschweine sind zum Beispiel der Geruch der eigenen Artgenossen, der Rottengeruch, von entscheidender Bedeutung, und für die Alttiere

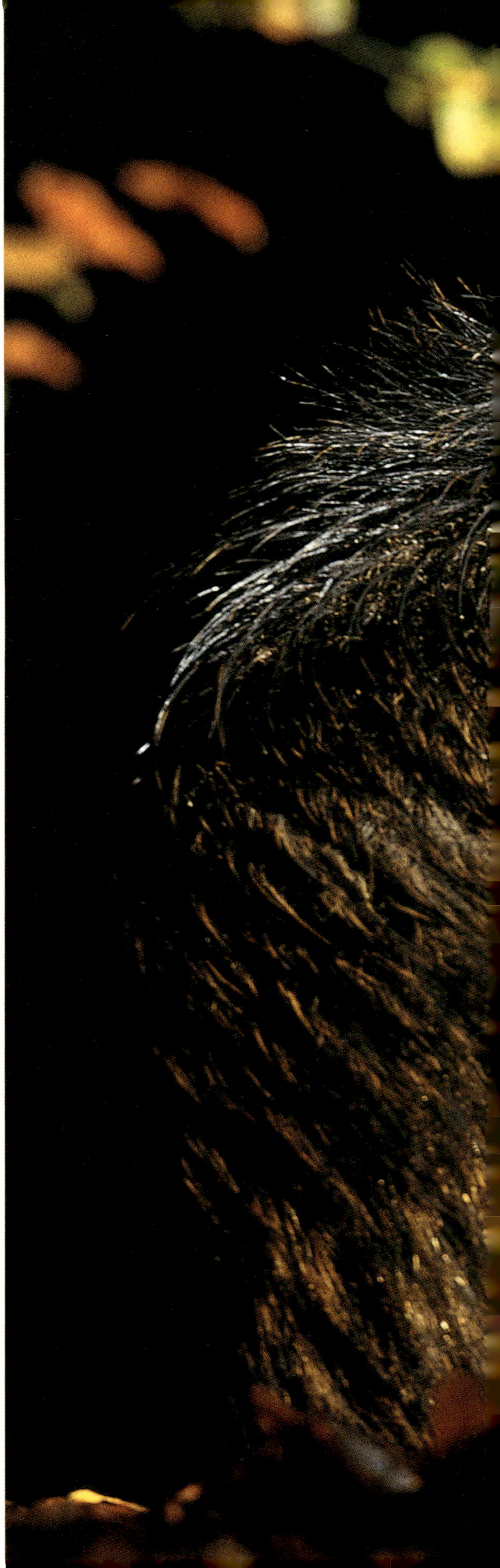

Überläuferkeiler auf Wanderschaft: Wenn sie etwa 14 Monate alt sind, werden die Jungkeiler aus der Rotte verbannt und streifen dann in kleinen Gruppen umher.

außerdem die Duftstoffe des jeweiligen Geschlechtspartners. Um unterirdische Nahrung wie Knollen, Wurzeln oder Pilze aufzuspüren, oder um die Anwesenheit von Feinden anhand des Geruchs ihrer Fährte wahrzunehmen, benötigen Wildschweine nur minimale Duftkonzentrationen. Doch damit nicht genug: Das Wildschweingehirn speichert mit einem Duft weitere Informationen über das Wie und Wann und vielleicht sogar bestimmte Örtlichkeiten. Blinde Wildschweine konnten sich zum Beispiel allein mit Hilfe des Geruchs orientieren, den Bewegungen ihrer Rotte folgen und waren trotz ihres Handicaps in guter körperlicher Verfassung. Dank des Geruchsgedächtnisses werden auch Menschen anhand ihres spezifischen Körpergeruchs als potenziell gefährlich eingestuft, wenn eine frühere Begegnung negative Erfahrungen mit sich brachte. Im umgekehrten Sinne gilt das genauso – ein Phänomen, das ich täglich erfahre, wenn ich mit Ellis Rotte unterwegs bin.

UM INTERIRDISCHE NAHRUNG AUFZUSPÜREN ODER FEINDE WAHRZUNEHMEN, BENÖTIGEN WILDSCHWEINE NUR MINIMALE DUFTKONZENTRATIONEN.

Das „Blasen", das wiederholte geräuschvolle Ein- und Ausatmen, führt zu Luftverwirbelungen im Naseninnenraum und dazu, dass eine größere Menge Duftmoleküle die Riechsinneszellen erreicht. Gerade bei der Witterung von Feinden oder anderen Störungen unterstützt dieses Verhalten die Riechleistung der Sauen bei schlechtem Wind beträchtlich.

Soviel „Riechdominanz" wirft die Frage auf, ob Wildschweine über eine so genannte „mental map" verfügen, ihr Streifgebiet also quasi bildlich vor Augen oder in der Nase haben. Untersuchungen dazu gibt es nicht, aber vieles deutet darauf hin. Wahrscheinlich kennen zumindest die Leitbachen und Keiler nicht nur die Nahrungsbäume und -plätze, die Suhlen und Deckungsbereiche sehr genau, sondern auch die kürzesten Wege dorthin und die Jahreszeit, zu der sich ein Besuch dort lohnt. Weil sich Wildschweine in erster Linie „der Nase nach“ orientieren, liegt es nahe, dass sie die gesamte belebte und unbelebte Umwelt ihres Streifgebietes in einer Duftkarte erfassen und abspeichern. In Verbindung mit ihrem hervorragenden Gehör verfügen Wildschweine so über eine unschlagbare Sinneskombination für alle Lebenssituationen.

Fast schon legendären Ruf erlangte „Luise“, das Hildesheimer Spürwildschwein. Dieses bisher einzige „SWS“ war in der Lage, Sprengstoff und Drogen sogar unter der Erde aufzuspüren, und verwies durch ihr ruhiges und beharrliches Verhalten die vierbeinigen Kollegen aus der Hundestaffel ständig in die Schranken.

Wir haben das Eichenwäldchen fast erreicht, da bleibt Elli plötzlich mit nach vorn gerichteten Tellern stehen und holt Wind. Auf ihr unmissverständliches warnendes Grollen erstarrt die Rotte mitten im Lauf. Alle Bachen haben die Köpfe oben und den Wurf im Wind, und selbst die Frischlinge wittern angestrengt. Hörbar saugt die Leitbache prüfend die Luft ein. Im selben Moment erscheint oben auf der Kuppe eine hochläufige, fast schwarze Bache, steht, windet ebenfalls und fährt nach einem lautem „Wuff“ auf der Hinterhand herum. Großes Geraschel, als die Rotte flüchtet. Elli verhofft noch einen Moment, gibt dann Entwarnung und führt den Verband auf den Rücken des Hügels. Oben angekommen sind alle Bachen aufgeregt, zu sehr hängt noch der Duft der fremden Artgenossen zwischen den Stämmen und im Laub.

Nach mehr als zwei Stunden intensiver Wühlarbeit unter den Bäumen und auf einem kleinen Wildacker ist es schon ziemlich dunkel, und ich beschließe, mich auf den Rückweg zu machen. Ich komme keine zehn Schritte weit, da blafft es mich plötzlich aus dem Dunkel an, Laub raschelt und eine dicke Bache steht heftig atmend in Kassiererinnen-Haltung direkt neben mir: Elli – wer sonst ...

Harte Zeiten: Kälteeinbrüche im Frühjahr führen häufig zu hohen Verlusten unter den Frischlingen. Besonders im Winter profitieren auch Singvögel von den Wühlaktivitäten des Schwarzwilds (links).

Januarjagd

Januarjagd

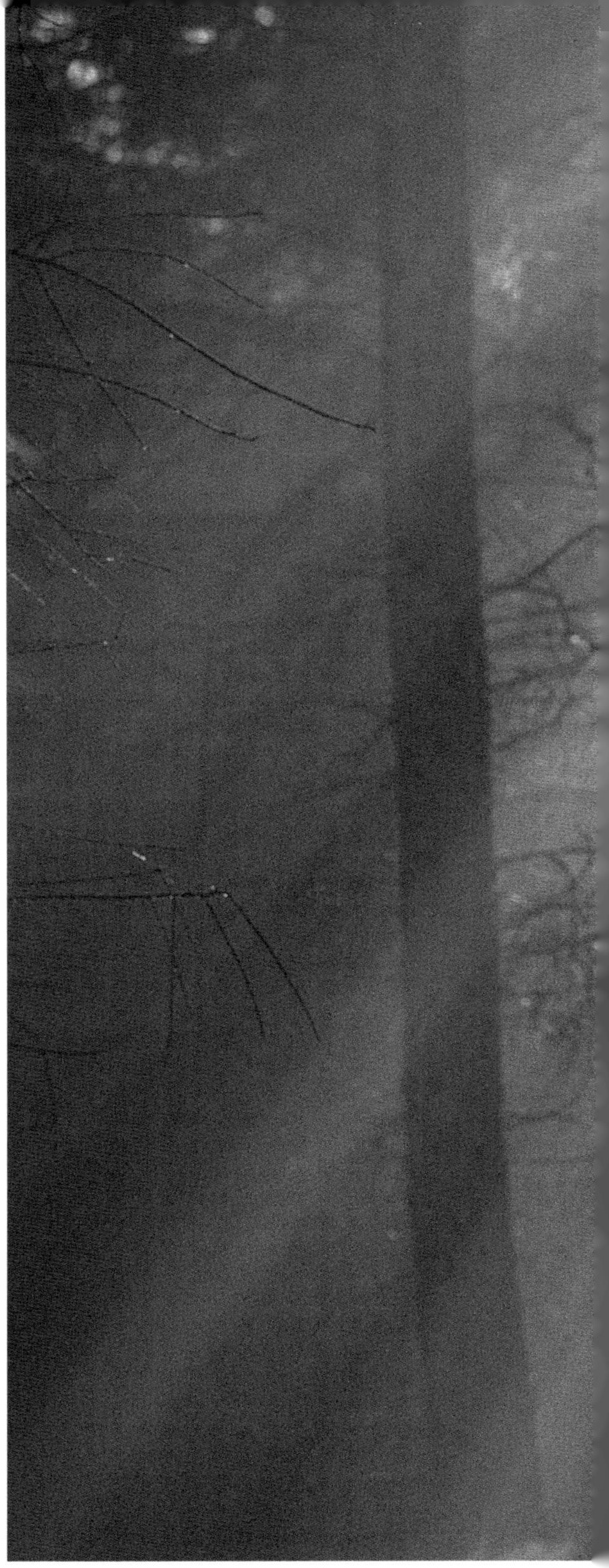

Ein Schuss knallt durch die eisige Luft! Da, noch einer! „Sauen, Sauen nach hinten!“ brüllt es von der linken Flanke. Einen Moment lang hält die Treiberkette inne – doch kein Laut mehr. „Hossah, hossassah!“ setzt einer wieder ein, und die anderen nehmen seinen Ruf auf. Die Stöcke der Männer preschen auf die Brombeerhorste, Schnee knirscht unter ihren Stiefeln. Und von den Blättern und Zweigen stiebt Reif in glitzernden Nebeln durch die Januarkälte. Ganz rechts außen kann ich die orange Weste des Flügelmannes kaum noch erkennen und mache Hano darauf aufmerksam. Der Hundeführer und Kopf unserer Treiberwehr geht 20 Meter links neben mir, die kurze Drückjagdbüchse über der Schulter, darunter den Riemen von Troll, seinem Deutsch-Drahthaar-Rüden. „Rechts kürzer!“ ruft er und „Am Weg halt!“ Die rechte Seite gibt seine Anweisung weiter. Im Abstand von wenigen Sekunden treffen die Männer an der Schneise ein, klopfen sich den Schnee von den Jacken und ziehen die Schuhbänder noch einmal an, bevor es weitergeht.

Minus elf Grad zeigte das Thermometer heute Morgen am Forsthaus Schönwaldhaus, als der Forstamtsleiter Uwe Schölmerich die Teilnehmer zu Beginn seiner Ansprache begrüßte und die Drückjagd eröffnete. Etwa 60 Schützen und 40 Treiber standen bibbernd in der Kälte im Hof der ehemals kurkölnischen Försterei. Schon bei der Kontrolle des Jagdscheins und der Anwesenheitsliste murmelte man überall „Viel zu kalt!“ oder „Bei dem Frost geht das Wild viel zu schnell!“, bis hin zu „Mann, ich könnte jetzt noch im Bett liegen.“ Dann ging es um die Freigabe, darum, welche Sauen beschossen werden dürfen und sollen, und alle lauschten gespannt. „Frischlinge bis 40 Kilo, außerdem weibliches Rehwild und Kitze sowie Füchse. Vorsicht bei Sauen, die einzeln kommen. Das sind fast immer die Falschen!“ ermahnte Norbert Happ – nach 35 Jahren heute zum letzen Mal Jagdleiter – die Teilnehmer. „Aufbruch zur Jagd“ tönten die Hörner und die Schützen kletterten auf die Anhänger der bereitstehenden

Trecker. Währenddessen versammelten die Leiter der einzelnen Gruppen ihre Treiber um sich und besprachen die Marschrichtungen für Vor- und Nachmittag.

„VORSICHT BEI SAUEN, DIE EINZELN KOMMEN. DAS SIND FAST IMMER DIE FALSCHEN."

Als wir nach kurzer Fahrt gegen neun Uhr unseren Startpunkt erreichen, machen bereits haarstäubende Anekdoten die Runde. Da wird erzählt und geprahlt, gelästert und gelacht, und ich muss unwillkürlich an einen Ausspruch von Bismarck denken: „Es wird nirgendwo soviel gelogen wie vor der Wahl und nach der Jagd." Hano zwinkert mir vielsagend zu und mahnt die Männer zum Aufbruch. Wir sind zu zehnt. Alle kommen aus der Gegend. Die Älteren kennen hier im Kottenforst bei Bonn jede Ecke und waren schon bei Dutzenden von Drückjagden als Treiber dabei. Die Schützen haben in der Zwischenzeit ihre Positionen bezogen. Die Aufregung steigt, auch bei den Vierbeinern. Troll weiß genau, was lost ist und prescht in langen Sätzen die Linie der Treiber auf und ab. Immer wieder kehrt er zu seinem Herrn zurück und wartet auf dessen Befehl. Vor uns liegt ein lückiger Fichtenbestand mit großen Brombeerhorsten im Unterwuchs. „Da stecken eigentlich immer Sauen drin", erklärt mir Hano. „Bei der letzten Jagd haben wir hier 13 Stück hoch gemacht." Ungeduldig sitzt der Deutsch-Drahthaar an seiner Seite. „Such voran!" befiehlt Hano. „Voran!" Troll läuft los, und unsere Gruppe setzt sich langsam in Bewegung. Das Treiben beginnt.

Zwanzig Minuten brauchen wir für die ersten 500 Meter, und in den Brombeeren – nichts. Hano ist ratlos. „Na, dann sitzen sie aber in der Deckung da vorn", hofft er und deutet auf ein etwa fußballfeldgroßes Dickicht, wo junge Eichen in der Sonne glitzern. Hier und da bricht Eis unter unseren Füßen. Das Rascheln der erstarrten Blätter dämpft die Rufe der Männer und immer wieder rieselt ihnen Schnee in den Kragen. Troll ist überall. Ein ums andere Mal patroulliert er vor den Treibern, die Mühe haben, sich ihren Weg durch die Schonung zu bahnen.

Aber der Hund bleibt still – kein Hetzlaut, kein Fährtenlaut auf warmer Witterung. Mehrmals hat es zu Anfang in der Ferne geknallt, doch seither ist alles ruhig. Wie die Schneemänner tauchen die anderen aus den Eichen auf und wundern sich. Die Anstrengung der ersten Stunde steht uns ins Gesicht geschrieben, und trotz der Kälte fließt der Schweiß. Einer hat selbst gemachte Wildschweinsalami mitgebracht. So ist die erste Ernüchterung schnell vergessen.

Hano drängt zum Weitergehen und formiert die Gruppe vor der nächsten Dickung. Sein Hund sucht voraus und schon nach wenigen Metern ertönt Fährtenlaut. Sofort sind alle hellwach und schlagen sich mit lauten Rufen einen Weg durch das Gestrüpp. Heftig Laut gebend, die Nase am Boden, hechelt Troll an mir vorbei geradewegs hinein in ein Brombeernest. „Hano!" ruft es von rechts. „Hano, hier steckt eine! Hier, direkt vor mir!" Mit großen Schritten, die Büchse über den Kopf haltend, steigt der Hundeführer über die Dornen. „Hierher, wo's wackelt!" Schnee rieselt aus einer Baumkrone. Sonst überall Zweige, die uns den Blick versperren. Plötzlich bricht es unmittelbar vor uns aus den Büschen. Ich sehe nur noch dunkle Schatten, die tiefer in die Dickung fliehen. Dann plötzlich ein Schuss! Stille. Durchatmen. Auf meinen fragenden Blick hebt Hano die Schultern.

Nach hundert Metern erreichen wir einen Rückeweg. Die Sonne bricht sich in den Wipfeln einiger Kiefern und im Gegenlicht erkenne ich einen Hochsitz am Schneisenrand. Ob wir die Sau gesehen hätten, die er eben beschossen habe, fragt der Schütze Hano noch. Da setzt aus Richtung der nächsten Deckung Hundelaut ein: Troll! Stille für einen Moment, dann wieder tiefes Bellen. „Standlaut!" ruft Hano. Schnell weist er die Gruppe an, sich neu aufzustellen, und winkt mich heran. Zusammen rennen wir los, biegen nach links auf einen Weg ab. Die dicke Winterkleidung, die Stiefel, die Büchse, alles viel zu schwer, viel zu warm. Trolls Laut weist uns den Weg, als wir keuchend über einen Graben in einen lichten Buchenbestand stürzen. Da! Bis in die Haarspitzen gespannt, den Blick fest geradeaus liegt der Hund direkt vor einem Frischling. Der ist offensichtlich schwer krank,

Hano richtet die Treiberwehr am Dickungsrand aus: Erfahrene Treiber, passionierte Hunde und disziplinierte Schützen sind das A und O einer erfolgreichen Drückjagd.

RASCHELN IM SCHNEE, EIN DUNKLER SCHATTEN. DIE BÜCHSE IM ANSCHLAG, ZIEHT DER FÖRSTER MIT.

doch sowie er uns kommen hört, mobilisiert er letzte Kräfte und versucht einen Ausbruch. Sofort ist Troll zur Stelle und fasst ihn im Genick. Als ich begreife, was dann passiert, ist es auch schon vorbei. Blitzschnell hat Hano den etwa 30 Kilogramm schweren Frischling mit seinem Jagdmesser abgefangen und lobt seinen Hund für die gute Arbeit. Er zieht das Wildschwein an den Weg und befestigt eine rote Plastikmarke mit Nummer an dessen Teller. So kann das erlegte Tier eindeutig zugeordnet werden. Mit Hilfe der Marken und den Standkarten der Schützen, auf denen sämtliche Schüsse, alle Wildbeobachtungen und andere Vorkommnisse eingetragen werden müssen, können Jagdleiter und Schweißhundführer am Ende der Jagd notwendige Nachsuchen organisieren.

So genannte Ansitzdrückjagden, wie sie hier vom Forstamt Bonn mit dem Damwildring Kottenforst durchgeführt werden, haben sich fast überall in Deutschland bei der winterlichen Bejagung auf Schwarzwild bewährt. Von Treibern und Hunden werden die Sauen aus ihren

Einständen herausgedrückt und kommen relativ ruhig vor die Läufe der Schützen, die auf weiter entfernten Ständen mitten im Wald in der Nähe bekannter Wildwechsel postiert und für das Wild nur schwer auszumachen sind. Dadurch steigt die Trefferquote und schlechte Schüsse wie der auf den Frischling gehören zur Ausnahme. Ein wichtiger Punkt dabei ist außerdem, dass dem Schützen genug Zeit bleibt, das anwechselnde Wild richtig anzu-

sprechen und abzuschätzen, ob es tatsächlich der freigegebenen Gewichts- oder Altersklasse entspricht. So vermeidet man den Fehlabschuss von älteren Sauen und besonders von führenden Bachen nach besten Kräften.

Mittags gibt es eine heiße, würzige Suppe aus der Gulaschkanone für alle Schützen und Treiber, die sich für eine kurze Pause zusammenfinden. Einige haben kaum Hunger, der Jagdeifer steht in ihren Blicken, und so berichten sie von Erfolgen und Missgeschicken oder den spannenden Anblicken, die sie am Morgen hatten.

ZWISCHEN 20 UND 40 KILOGRAMM WIEGEN DIE ERLEGTEN FRISCHLINGE UND SIND FAST GLEICHALTRIG. EIN ZEUGNIS FÜR DIE GUTE ARBEIT DES HEGERINGS.

Den Nachmittag verbringe ich frierend in drei Metern Höhe auf einer Ansitzleiter über einer winzigen Lichtung. Etwa zehn Meter entfernt steht Norbert Happ auf einem zweiten Holzgestell, seine Hände tief in den Muff aus Marderfell vergraben. Mit konzentriertem Blick mustert er die niedrigen Fichten am Rand der Fläche. Eingedenk meiner Eisfüße sehne ich mich nach der schweißtreibenden Arbeit mit den Treibern, und meine Gedanken schweifen ab, aalen sich im Gefühl eines lodernden Kaminfeuers – da knallt's! Jetzt höre ich auch die Rufe der Treiber. Im Augenwinkel sehe ich Norbert Happ, der mit der Büchse im Anschlag ein Ziel in den Fichten verfolgt. Rascheln im Schnee. Happ zieht weiter mit. Ein dunkler Körper trabt aus den Büschen auf die Fläche – jetzt, freies Schussfeld, na los! Aber der Förster lässt die Waffe sinken. Eine starke Bache wechselt, ohne uns zu bemerken, in die nächste Dickung. Mir ist schlagartig warm. Kurze Zeit später stehen die Treiber an unseren Ständen. Ja, der beschossene Frischling liegt mit sauberem Schuss, melden sie und ziehen weiter. Einige Minuten später ruht die kleine Lichtung wieder erstarrt in Frost. Kurz nach Sonnenuntergang, um Viertel nach Vier, ist die Jagd vorbei. Höchste Zeit für meine Füße.

Zwei Stunden später liegen alle erlegten Tiere sauber aufgebrochen auf der Strecke. Forstamtsleiter Schölmerich verteilt Brüche an die erfolgreichen Schützen und zu den

Einen starken Keiler zu bergen, bedeutet Schwerstarbeit.

Hornsignalen „Sau tot", „Reh tot" und „Fuchs tot" stehen alle im Fackelschein um die Strecke und erweisen dem erlegten Wild die letzte Ehre. 39 Wildschweine zähle ich, dazu 15 Rehe und vier Füchse. Bis auf einen nicht freigegebenen Keiler ist die Strecke goldrichtig. Zwischen 20 und 40 Kilogramm wiegen die erlegten Frischlinge und sind erkennbar fast gleichaltrig. Ein Zeugnis für die gute Arbeit des Hegeringes. Norbert Happ hat allen Grund sich zu freuen. Der Forstamtsleiter lobt die Schützen, bedankt sich bei Hundeführern, Treibern und Helfern, dann bittet er alle Teilnehmer in die benachbarte Kneipe zum „Schüsseltreiben". Eine gute Tradition und Garant für eine lange rheinische Nacht bei zünftiger Musik mit dem eigenem Liederbuch des Damwildrings Kottenforst.

Eine Geste der Ehrfurcht vor dem erlegten Wild: In guter Tradition wird nach der Jagd die Strecke verblasen.

Auf die „bestia nera“ in Umbrien

Wütend steht Mario in der Küchentür und droht seinen dreißig „Cinghialisti“, den Wildschweinjägern von Gubbio, mit der Bratpfanne. Das fehlte noch, dass sie ihm als „Capocaccia“, als Jagdleiter, Darios Fehlschüsse in die Schuhe schieben. In dem ehemaligen Bergarbeiterhäuschen herrscht helle Aufregung. So einen dicken „Solengo“, einen Keiler, darf man doch nicht entwischen lassen! Wie oft hatte Dario vorbeigeschossen – dreimal, viermal? Eins ist klar: Ende Dezember ist er reif für die goldene „Padella“, die Auszeichnung für den schlechtesten Schützen. Dabei hatten sie erst 39 Sauen geschossen, in drei Monaten. Was für eine Pleite!

So geht es bis tief in die Nacht. Es ist Samstag, doch niemand sitzt vor dem Fernseher, um den Ballkünstlern von Inter oder Lazio zuzujubeln. Von September bis Jahresende gibt es für Hunderte von italienischen „Squadras“, von Wildschweinjagdgemeinschaften, nur ein Thema: die „bestia nera“, die „schwarze Bestie“. Auf Traditionen und Bräuche legen die Männer keinen Wert. Gewichtsklassen sind egal, die Aufstellung der Schützen geschieht spontan in Anbetracht der Berichte der Fährtenleser, und dann geht es dreimal die Woche nur um eins, ums Beute machen. Dass man danach mit den Freunden zusammensitzt und mit italienischem Eifer die Geschehnisse des Tages diskutiert, gehört genauso dazu wie die Tagliatelle und frischer Wildschweinbraten.

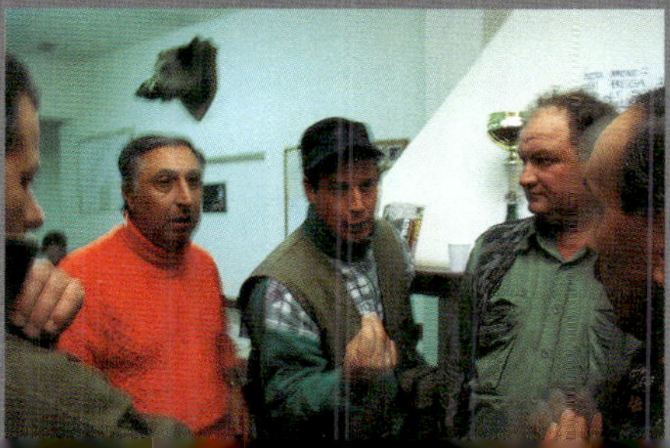

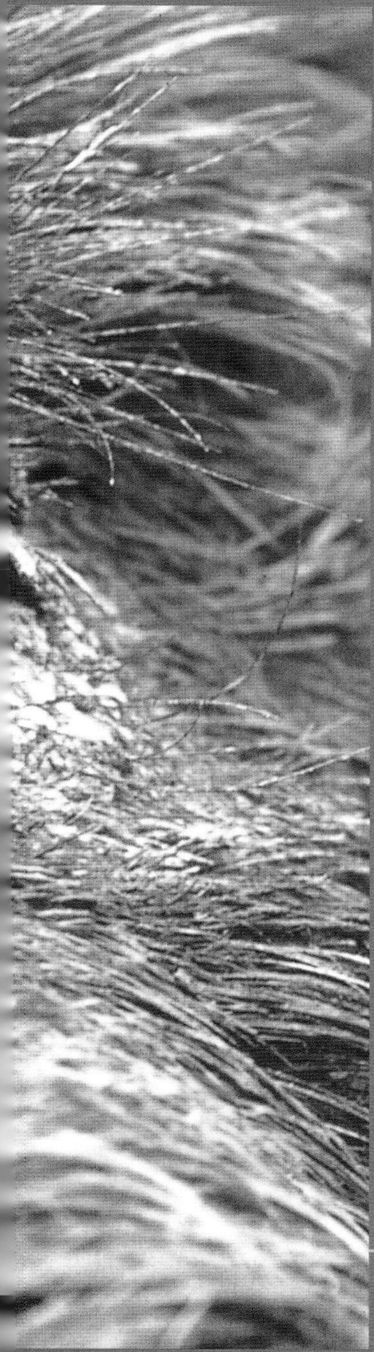

Zwischen Verehrung und Verfolgung

Zwischen Verehrung und Verfolgung

„Einmal waren drei Frischlinge und ein etwa dreijähriger Keiler in der Falle“, erzählt Norbert Teuwsen. „Die Jungtiere konnten wir ziemlich leicht mit einem Lasso fangen, aber der Keiler, der tobte wie ein Berserker und schüttelte die Schlinge immer wieder ab. Endlich hatten wir ihn an einem Vorderlauf und haben ihn dann bis zu uns 'rangezogen. Naja, so standen wir dann da: ganz ohne Gewehre, und auf der anderen Seite ein 100-Kilo-Keiler, der außer sich war vor Wut!“ Zusammen mit zwei Waldarbeitern hatte er den Saufang nach einer alten Anleitung von Zoodirektor und Wildtierfänger Karl Hagenbeck gebaut, die er über den Krieg gerettet hatte.

Vor über 50 Jahren war der heute 81-jährige Teuwsen hierher in das kleine Dorf an der Elbe gekommen. Um seinen Beruf als Förster war es wegen der Jagdhoheit der Alliierten und der Zwangsentwaffnung schlecht bestellt. Er wagte einen Neuanfang, heiratete, drückte noch einmal die Schulbank und verließ sie mit dem Meisterbrief eines Landwirts in der Tasche. „Trotzdem hatten wir nichts zu beißen, und da wollten wir den Speiseplan mit einem Wildschweinbraten eben ein wenig aufbessern.“ Er schmunzelt und erzählt weiter: „Na, ich kannte die Sauen ja, und da bin ich zu dem Keiler 'rein. Nur mit einer Axt.“ Teuwsens Augen leuchten. „Er schmatzte fürchterlich mit dem Gebrech und wollte mich annehmen, aber ich haute ihm die stumpfe Seite der Axt mit aller Kraft vor den Kopf. Das gab einen dumpfen Knall, im selben Moment riss er sich los, schlug nach mir und schlitzte mir den Lederstiefel auf und das Bein von der Wade bis übers Knie. Ich dachte nur, ‚jetzt geht's auf Leben und Tod', holte aus und nahm diesmal die scharfe Seite. Das war wohl mein Glück, sonst hätte er mich wahrscheinlich getötet.“ Die beiden Waldarbeiter legten ihn „blutend wie ein Schwein“ neben dem Keiler auf den Pferdewagen und kutschierten ihn nach Hause. „Ganz heimlich“, ergänzt er, „denn das durfte ja keiner mitkriegen, das war ja Wilderei!“

„NA, ICH KANNTE DIE SAUEN JA, UND DA BIN ICH ZU DEM KEILER 'REIN. NUR MIT EINER AXT.“

Starke, alte Keiler – Indiz für eine Bejagung mit Augenmaß. Eine intakte Altersstruktur des Schwarzwildbestandes wird mit der begehrten Trophäe kapitaler „Bassen" belohnt (kl. Foto: im Sommer erlegter Silbermedaillen-Keiler).

„Ich war hier" – Keiler markieren in der Rauschzeit Büsche und Zweige mit ihrem Speichel.

Die lange Narbe hat er heute noch, ein Schnitt wie mit einer Rasierklinge. Aber seiner Liebe zum Schwarzwild tat das Erlebnis keinen Abbruch. Ganz im Gegenteil. Anfang der 1960er Jahre wurde Teuwsen Leiter eines Hegeringes im Regierungsbezirk Lüneburg und später Kreisjägermeister. So hatte er Zugang zu den Strecken aller Reviere des Landkreises, und bei seinem Interesse für die Wildbiologie war er regelrecht geschockt über das, was er da begutachtete: Unter tausend Wildschweinen war nur ein einziges älteres Tier geschossen worden. Ein deutlicher Hinweis darauf, dass die Population in den Lüneburger Jagdgebieten völlig devastiert war. Teuwsen stellte Nachforschungen an, informierte sich bei Forstleuten, Jägern und Wissenschaftlern im ganzen Bundesgebiet. „Da wurde auf der einen Seite ohne Sinn und Verstand geschossen und auf der anderen genauso viel gefüttert. Dass das die Schäden auf den landwirtschaftlichen Flächen nicht verhinderte, hat niemand kapiert. Na ja, und die Jagdmoral war auch nicht gerade gut in dieser Zeit", schildert er die damalige Situation. Mit dem Ziel vor Augen, eine nachhaltige Bewirtschaftung des Schwarzwildes zu ermöglichen, entwickelte Teuwsen das „Lüneburger Modell", damals eine revolutionäre Aufstellung von Richtlinien für die Bejagung von Wildschweinen.

Die Ausgangssituation: Eine zunehmende Verzwergung herrschte unter dem Schwarzwild. Ältere Sauen standen seit Jahren unter Dauerbeschuss, sodass es einen

Erfolgsprinzip Rotte: Jedes Individuum profitiert vom Zusammenleben, vor allem die Frischlinge genießen Schutz und Führung.

immensen Überhang an Frischlingen und Überläufern, also jungen Tieren gab. Sie waren oft in schlechter körperlicher Verfassung und suchten lieber auf Äckern und Feldern Nahrung als im Wald. Die Sozialstruktur der meisten Rotten war nachhaltig gestört. Leitbachen, die Familiengruppen an Nahrungsplätzen im Wald hätten halten und in sichere Deckungsbereiche führen können, fehlten fast überall. Mutterlose Frischlinge marodierten führungslos durch die Reviere, und alte Keiler hatte man schon lange nicht mehr gesehen. Mit biologischem Sachverstand setzte Teuwsen den Hebel an der Achillesferse des Schwarzwildes an, der Sozialstruktur. Er wusste, Feldschäden ließen sich nur zurückdrängen und reife Keiler würden nur dann wieder heranwachsen, wenn durch einen hohen Abschuss von Frischlingen und Überläufern und die konsequente Schonung von älteren Tieren ein möglichst naturnaher Altersklassenaufbau erreicht würde. „Schießt Sauen unter 50 Kilo Gewicht!“ war eine der Hauptforderungen. Teuwsen ging davon aus, dass als Folge der Bejagung nach dem „Lüneburger Modell“ in einigen Jahren ein gesunder Grundbestand entstehen würde und – quasi als Bonbon für die Jäger – wieder eine Anzahl alter Keiler mit mehr als 100 Kilogramm Gewicht zum Abschuss freigegeben werden könnte.

„WILDSCHWEINE ZU REGULIEREN HEISST, AUCH DIE RICHTIGEN BACHEN ZU SCHIESSEN.“

Aufgeklärt über Räuber-Beute-Mechanismen, wie wir heute sind, erscheint die Vorgabe solcher Verhaltensregeln nur logisch. Nach der Ausrottung der Konkurrenten Bär, Wolf und Luchs muss der Jäger deren Erbe als Regulator antreten und abschöpfen, was an jungen, sehr alten oder auch kranken Tieren auftaucht. Soweit die Vision.

1969 wurde das Lüneburger Modell auf der Versammlung der Hegeringleiter beschlossen. Elf Jahre später zogen die Lüneburger Jäger eine positive Bilanz: Die erlegten Sauen waren bei guter Kondition, überwiegend im Frischlings- und Überläuferalter, und auch die

ersten kapitalen Keiler lagen wieder auf der Strecke. Darunter ein wahrer Urian von 258 Kilogramm Gewicht, einer der schwersten Keiler, die je in Deutschland erlegt wurden. Andere Hegeringe zogen nach, und mehr und mehr Revierinhaber orientierten sich an den Erfahrungen aus Lüneburg. Eines hatte die neue Art der Bejagung jedoch nicht bewirkt: den Wildschweinbestand auf der Höhe Anfang der 1970er Jahre zu halten. Er war ebenso gestiegen wie im Rest der Republik.

In der Praxis wurde damals häufig übersehen, dass das Funktionieren des „Lüneburger Modells“ von der Disziplin und der Verantwortung seiner Anwender abhängig war, und dass alle Teile des Modells der Umsetzung bedurften. Denn eine Wildart mit einer derart hohen Fortpflanzungsrate wie der der Wildschweine ist nur dann zu regulieren, wenn auch und gerade die „Schaltstellen“ der Nachwuchsproduktion bejagt werden, die weiblichen Tiere nämlich. Dies war Teuwsen durchaus klar: Fünf Prozent des Abschusses sollte nach seinen Vorstellungen sozial nachgeordneten, so genannten „Beibachen“, gelten. In der Jagdpraxis wurde dieser Punkt aber immer wieder außer Acht gelassen. Schließlich ist Teuwsens Modell eine Idealvorgabe, die mit den vorgegebenen Abschussprozenten nur funktionieren kann, wenn die Höhe des Schwarzwildbestands vor dem Frischen tragbar ist und der jährliche Zuwachs zahlenmäßig voll abgeschöpft wird. So geriet das „Lüneburger Modell“ zu Unrecht in den Ruf, Verursacher der „Schwarzwildschwemme“ zu sein.

Seit langem sind zusätzlich eine Vielzahl von Mechanismen am Populationswachstum des Schwarzwildes beteiligt, die bei der Einführung des Lüneburger Modells noch nicht existent waren. Der Anstieg der Abschusszahlen spiegelt das deutlich wider. Während in den Jahren zwischen 1938 und 1945 bundesweit jeweils knapp 10.000 Wildschweine auf der Strecke lagen, waren es 1974/75 105.000, 1984/85 180.000, zehn Jahre später 313.000 und im Jagdjahr 2001/02 gut 530.000. Hatten 300.000 deutsche Jäger, Wildbiologen und Ministerien diese beispiellose Bestandsexplosion mit ihren so offensichtlichen Auswirkungen in Feld und Wald, Stadt und Land etwa verschlafen?

Ein Wildschwein auf 150 Megahertz

Schon erstaunlich, dass einem so verbreiteten, interessanten und gleichzeitig problematischen Tier wie dem Wildschwein erst seit wenigen Jahrzehnten wissenschaftlich auf die Schwarte geschaut wird.
Beispiel Ostniedersachsen: Bis vor zwei Jahren gab es hier immer wieder Fälle von Schweinepest. Durch Fleischabfälle und Gülleeinträge fand das Virus von Hausschweinebeständen seinen Weg zu den Wildsauen. Gerade die kontaktfreudigen Frischlinge infizierten sich schnell. Da lag die Vermutung nahe, dass sie die Seuche auch auf andere Rotten übertragen, wenn sie etwa bei einer Drückjagd vom Familienverband getrennt werden. Dabei gilt diese Bejagungsart als probates Mittel, um junge Tiere effizient bejagen und eine Ausbreitung der Seuche verhindern zu können.
Mit moderner Technik ging ein Forscherteam des Instituts für Wildtierforschung (IWFo) unter Leitung von Professor Pohlmeyer dieser Frage nach. Etliche Sauen wurden gefangen und mit Sendern ausgerüstet. Die Signale der Antennen an den Ohrmarken der Tiere zeigten aber, dass die Träger spätestens nach wenigen Wochen in ihre Territorien zurückkehrten. Drückjagden trugen hier also kaum zur Ausbreitung der Seuche bei. Ob das auch in anderen Krisengebieten wie Mecklenburg Vorpommern und Rheinland-Pfalz zutrifft, müssen weitere Untersuchungen zeigen.

Seit Menschengedenken gehört das Wildschwein zu den Tieren, die bei uns sehr ambivalente Gefühle wachrufen, und gerade in Jägerkreisen herrscht sowohl Freude über Sauen im Revier als auch im gleichen Moment maßloser Ärger wegen der Schäden, die sie anrichten. Der Mythos Wildschwein lebt, und bei der spannenden Suche nach den Ursprüngen von so viel Zwiespalt landet man früher oder später in Frankreich.

DER MYTHOS WILDSCHWEIN LEBT UND LÄSST SICH BIS 30.000 JAHRE VOR UNSERER ZEITZURÜCKVERFOLGEN.

Dort, wo sich die Ardêche in einem erhabenen Bogen um eine bei Paddlern und Kanuten sehr beliebte Sandbank am Fuße der schroffen Felsen der Cevennen windet, entdeckten Höhlenforscher 1994 eine gewaltige Karsthöhle, die nach ihrem Entdecker „Grotte de Chauvet" heißt. Wände und Decken der Höhle sind bemalt mit Jagdszenen und Bildern aus dem Leben der Altsteinzeit in einem Umfang und mit einer Präzision, wie es noch nie zuvor jemand gesehen hatte. Doppelt so alt wie die Felsmalereien von Altamira (ca. 18000 v. Chr.), offenbaren die Gemälde neben vielen anderen Aspekten tiefe Einblicke in die Jagdkultur unserer Vorfahren. Unter 267 Zeichnungen von Mammuts, Wollnashörnern und anderen Tierarten zieren auch Wildschweinbildnisse die unterirdischen Gewölbe. Pfeilähnliche Zeichen auf ihren Körpern könnten darauf hinweisen, dass unsere Ahnen Waffen wie Speerschleudern für die Jagd verwendeten. „So lange wie es sie in Europa gibt, hat der Mensch auch Wildschweine gejagt. Mit Hilfe von Fallen, Speerschleudern, später dann mit Pfeil und Bogen, mit langen, schweren Wurfspeeren und Spießen", weiß Sigrid Schwenk, Deutschlands einzige Jagdwissenschaftlerin und Leiterin der Forschungsstelle für Jagdkultur an der Universität Bamberg.

Nach dem Rückzug der Gletscher vor etwa 12.000 Jahren ließen sich unsere Vorfahren vermehrt an Waldrändern und in Flusstälern nieder. Trotz der Domestika-

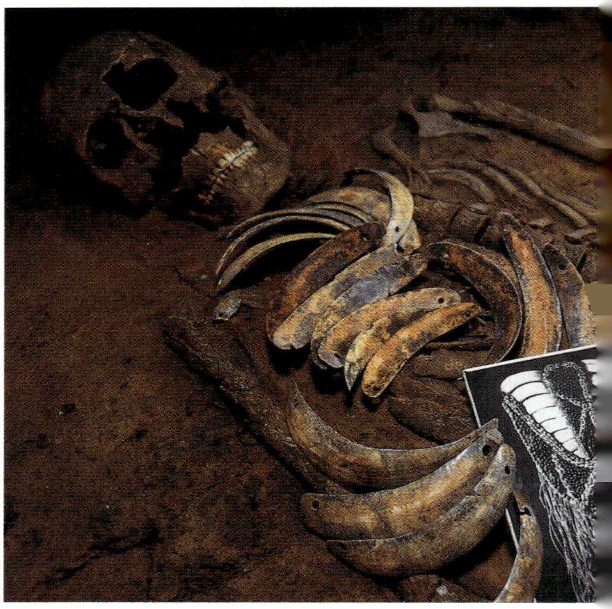

4.500 Jahre alt und in Europa einzigartig: Brustharnisch aus geschliffenen Keilerzähnen (Naturhistorischen Museum Osnabrück). Bekannt sind solche Funde auch aus Papua-Neuguinea.

Mit Saufeder und Hunden gegen den Keiler: Skulptur „Eberjagd“ im Berliner Tiergarten

tion von Wildziegen, Wildschafen und Wildschweinen war die Subsistenzjagd immer noch von großer Bedeutung. Wildschweine waren dabei zu jeder Zeit eine begehrte Beute, und ihre Wehrhaftigkeit genoss unter Jägern einen legendären Ruf. Schon Ovid (43 v. Chr. – 18 n. Chr.) erhob den Kampf mit der „schwarzen Bestie“ zur Heldentat: „Während der Eber rast und im Kreise den Körper herumdreht und ihm schäumender Geifer mit frischem Blut hervorschießt, stellt der Verwunder sich gleich dem Grimm des Gegners entgegen, grad in den Bug versenkt er ihm den schimmernden Jagdspieß.“

Münzen, Mosaike, Vasen und Tempelanlagen mit Wildschweinkonterfeis zeigen, in welch hohem Ansehen das urige Wild bei Etruskern und Römern stand. Zog man nicht zur Jagd in die Hügel der heutigen Toskana, war in der Sicherheit der Städte und Arenen das Schauspiel „Keiler gegen Gladiator“ eine von vielen exotischen Spielarten zur Belustigung von Kaiser, römischem Adel und Volk.

Einige Jahrhunderte zuvor hatte in die Welt der Mythen und Sagen bereits Einzug gehalten, was vor 2.500 Jahren Bauern und Viehzüchter im Alltag erzürnte und nach Vergeltung rufen ließ: Wildschweinwühlereien auf mühsam bestellten Äckern und Feldern. Berühmtes Beispiel: der Erymanthische Eber. Herakles, Sohn des Zeus, sollte das Untier, das die Gegend um den Berg Erymanthos verwüstete, lebendig in die Stadt Mykene bringen. Sein von der Göttermutter inthronisierter Bruder Eurystheus hatte dem Halbgott diese als dritte von zwölf Aufgaben auf dem Weg zur Unsterblichkeit aufgegeben. Gefangen und gefesselt mit einem Lasso brachte der Held den Eber in die Stadt.

Später jagten Kelten und Germanen Wildschweine mit Leidenschaft. „Gullinbursti“ war eine ihrer Sagengestalten, ein Eber mit goldenen Borsten, der in der Edda den Streitwagen von Freyr zog, Gott der Fruchtbarkeit und des Lichts. Auf den Helmen keltischer Krieger zeugten Keilerwaffen von der Tapferkeit ihrer Besitzer auf der Jagd. Wildschweine waren Opfertiere genauso wie Sinnbilder für Mut, Entschlossenheit, Angriffslust und Fruchtbarkeit, hatten einen bedeutenden Platz in der keltischen Mytho-

Der Keilerkopf im Familienwappen symbolisiert Stärke, Mut und Entschlossenheit.

logie und waren Vorlage für zahlreiche Statuen, Schnitzereien und Bilder.

Über Hunderte und Tausende von Jahren verneigten sich Jäger voller Hochachtung vor der wilden Sau. Wolf und Bär waren ihnen zutiefst verhasst, dem Wildschwein aber, dessen gleichmütige Abkömmlinge sie Tag für Tag an die Ungezähmtheit ihrer wilden Artgenossen erinnerten, zollten sie Respekt und eine fast ehrfürchtige Zurückhaltung.

Jagdrecht und Grundbesitz waren lange Zeit untrennbar miteinander verbunden. Umso härter traf es die Bauern, als mit der Herrschaft der fränkischen Könige im achten und neunten Jahrhundert diese ureigene Verbindung vielerorts aufgelöst wurde. Bauernwälder gerieten zu Bannwäldern, in denen allein der Fürst oder Lehnsherr das Jagdrecht als Teil seiner herrschaftlichen Regalien in Anspruch nehmen durfte. Und wer bei Wildschäden fortan zur Selbsthilfe griff, machte sich der Wilderei schuldig, die in vielen Landstrichen mit dem Abhacken der rechten Hand oder gar dem Tod durch den Strang geahndet wurde.

Die folgenden fünfhundert Jahre brachten eine Verbesserung der Jagdwaffen und eine deutliche Veränderung der Jagdkultur mit sich. Landesherren beanspruchten das Jagdrecht nicht nur in den Bannforsten, sondern in ihrem gesamten Herrschaftsbezirk.

Ab etwa 1500 stand nur noch dem hohen Adel die „Hohe Jagd“ auf Hirsch, Wildschwein oder Gams zu. Dem Niederen Adel und den Bauern war nur mehr die Jagd auf Niederwild wie Hase, Reh und Fasan gestattet. Jagden bei Hofe waren geprägt von Ausschweifungen und groß angelegtem Jagdzirkus, ähnlich wie zur Blütezeit Roms. Zugleich stieg mit der wachsenden Zahl von Menschen deren Bedarf an Brennholz und Baumaterial, an Nahrungsmitteln und Flächen für immer neue Siedlungen und Städte. Natürliche Lebensräume für das Wild wurden rar.

Eine Phase intensiver Nutzung von Wald und Forst setzte ein, während in der Renaissance die Rückbesinnung auf die Achtung vor dem Lebendigen noch einmal modern wurde – um unmittelbar in zweihundert Jahre feudaler

„Schweinegold“: Getreidefelder bieten „Fast Food“ und Sommerlebensraum. Unübersehbare Wildschweinspuren findet man aber auch im Wald.

Exzesse zu münden, geprägt von einem anthropozentrischen Weltbild, das Wildtiere zu „apparateähnlichen Geschöpfen“ (Descartes) abstempelte. Hatte der Mensch in den Epochen zuvor Rothirsch und Wildschwein vergleichsweise mit Respekt behandelt, fielen den barocken Jagdexzessen in nur vier oder fünf Tagen bis zu 2.000 Wildschweine zum Opfer. In wahnwitzigen Inszenierungen wurde Wild aus riesigen Gebieten zusammen und den Schützen vor die Läufe oder den „Mutigen“ vor die Sauspieße getrieben. Zum Leidwesen der Landbevölkerung erließ man in einigen Provinzen erstmalig Schonzeiten für das Schwarzwild, die dessen Bejagung nur noch in den Wintermonaten gestatteten. Die Wildschweinpopulationen stiegen regional auf bislang unbekannte Dichte an und führten zu einer erheblichen Zunahme der Feldschäden.

DAS GEMEINE EUROPÄISCHE WILDSCHWEIN KONTERTE UND STARTETE ZUM STURM AUF DIE MONOKULTUREN.

Die französische Revolution setzte den Ausschweifungen ein Ende. Doch für die meisten großen Wildtiere kam die Wende zu spät. Pflanzenfresser wie Ur und Wisent und die ewigen Feinde Bär und Wolf waren entweder ausgerottet, kurz davor oder überlebten in abgelegenen Berg- und Urwäldern – und davon gab es schon damals nur noch wenige.

In Preußen wurden Feldschäden zum Problem, weil immer mehr Forstkulturen mit Nadelbäumen ehemalige Laubwaldbestände ersetzten, die den Sauen zwar bessere Deckungsmöglichkeiten boten, sie aber gleichzeitig dazu nötigten, vermehrt auf den Feldern nach Nahrung zu suchen. Hohe Abschussprämien sollten die Ausrottung von Schwarzwild fördern, dessen Haltung war fortan nur noch in Tiergärten und Gattern gestattet. Wildschweine wurden als Schädlinge betrachtet, und Mitte des 19. Jahrhunderts waren viele Gegenden im heutigen Deutschland wie leergefegt. Nach Ende der Revolution in Deutschland 1848 und der Übertragung des Jagdrechtes auf den Grundbesitz – gleich welcher Größe – führte eine zügellose Bejagung zur weiteren Dezimierung des Wildschweinbestandes bis nach dem Ersten Weltkrieg.

Soviel verzettelte Jagdhoheit war vielen deutschen Jägern und Forstbeamten ein Gräuel. 1875 forderten sie in der Zeitung „Waidmann" die Gründung des ersten deutschen Jagdvereins, des „Allgemeinen Deutschen Jagdschutzvereins". Hehres Ziel waren die Bekämpfung der Wilderei, die Hege des deutschen Wildes, die Einhaltung von Schonzeiten und der Erhalt deutscher Waidgerechtigkeit und Jagd. Die Zahl der Mitglieder ging bald in die Zehntausende, und der Ruf nach einem einheitlichen Jagdgesetz für das gesamte Deutsche Reich traf beim neu ernannten „Reichsjägermeister mit Schwert" und leidenschaftlichen Jäger Hermann Göring auf offene Ohren. Das von ihm 1934 in Kraft gesetzte, aber lange vorher schon konzipierte Reichsjagdgesetz zählt zu den weniger umstrittenen Errungenschaften jener Zeit und gilt im heutigen Bundesjagdgesetz in wesentlichen Punkten unverändert.

Während und direkt nach dem Zweiten Weltkrieg stieg die Wildschweinpopulation deutlich an. Infolge des Kriegs und aufgrund der Jagdhoheit der Alliierten blieb eine ausreichende Bejagung aus, immer größere Feldschäden waren die Folge und als Resultat ein massiver und wahlloser Abschuss nach Rückübertragung der Jagdhoheit an die junge Bundesrepublik Anfang der 1950er Jahre.

Einer der Nutznießer des folgenden Wirtschaftsaufschwungs war die Landwirtschaft. Die Offenlandhaltung

Der Braunbär ist einer der wenigen natürlichen Feinde des Schwarzwildes. Als Überraschungsjäger greift er die Rotte meist in ihrem Ruhekessel an und erbeutet mir Vorliebe Frischlinge.

von Vieh verwandelte sich in eine effizientere Stallmast. Immer mehr Schlachttiere brauchten immer mehr Futter, immer mehr Menschen immer mehr Nahrung. Wälder und weitere ungestörte Gebiet fielen der wachsenden landwirtschaftlichen Nutzfläche zum Opfer. Neue Getreidesorten brachten höhere Erträge und gediehen selbst in bislang ungenutzten Bereichen der Mittelgebirge und des Voralpenraumes. Am deutlichsten wird das in der Anbaufläche von Mais: Sie stieg von 51.000 Hektar in 1958 auf annähernd 1,8 Millionen Hektar im Jahr 2001 – etwa die Fläche von Rheinland-Pfalz. Schnell wachsende Nadelholzkulturen lösten Laubholzwälder ab, und so reduzierte sich das natürliche Nahrungsangebot für viele Wildtierarten, die Baummast aus Eicheln und Bucheckern. Der Aufbau der Infrastruktur zerschnitt Waldgebiete und Offenlandbereiche. Städte und Dörfer verschlangen immer mehr Lebensraum. Viele Arten litten darunter, besonders die Spezialisten mit ausgeprägter Anpassung an extreme oder seltene Habitate. Gefördert wurden die Generalisten, die „Allerweltsarten", die sich weiter ausbreiteten, und einige Neubürger, die in der Kulturlandschaft ideale Lebensbedingungen vorfanden.

Einer dieser Generalisten, das gemeine europäische Wildschwein, selbstbewusster Allesfresser und soziobiologischer Tausendsassa, konterte und startete mit seinem gewaltigen ökologischen Potenzial zum Sturm auf die Monokulturen. Maisäcker wurden zur Sommerresidenz, Getreidefelder zum Schnellimbiss und Fichtendickungen zur Kinderstube. Für die „Supernasen" war der Wechsel zur Nachtschicht kein Problem, wenn Jagddruck und menschliches Erholungsbedürfnis ihrem Anspruch nach Ruhe und Ungestörtheit zu sehr im Wege stand. Von ursprünglichen Feinden nirgendwo eine Spur. Ihr ärgster Feind, der Jäger, zehntete, aber gleichzeitig fütterte er auch. Die Winter blieben mild, die Schadstoffbelastung nahm zu und im warmen deutschen Wald reagierten Eichen und Buchen mit immer mehr Frucht, Mastjahr folgte auf Mastjahr: Sus scrofa im Paradies!

Feist und fit kamen die Bachen in den und aus dem Winter. Die Älteren frischten mehr gesunde und widerstandsfähige Frischlinge, und bis zu 60 Prozent

Wölfe sind in Russland wie früher auch in Europa die Hauptfeinde des Wildschweins. Sie hetzen auch ältere Tiere über große Strecken bis zur Erschöpfung.

der gerade neun Monate alten stiegen unter günstigen Bedingungen ebenfalls in die Fortpflanzung ein. Wo es zu eng wurde, grunzte sich schnell herum, dass „viele Menschen“ nicht zwangsläufig „viele Jäger“ bedeuten, und dass die kläffenden Nachfahren des Wolfes lange nicht den Mumm ihrer wilden Ahnen besitzen. Die letzte Bastion war gefallen. Innerhalb von fünfzig Jahren hatte der Mensch die Tragfähigkeit des Lebensraums, der jetzt „Kulturlandschaft“ war, für das Schwarzwild in Mitteleuropa um ein Vielfaches erhöht. Vieles deutet darauf hin, dass die Kapazitätsgrenze noch nicht erreicht ist, und die Schwarzwildschwemme ohne Steuerung ins Uferlose zu schwappen vermag.

Die hohe Populationsdichte hat Schäden zur Folge, die mittlerweile politische Dimensionen erreicht haben. Allein in Bayern verursachten die Tiere im Jahr 2001 Feldschäden in Höhe von mehreren Hunderttausend Euro, in ganz Deutschland waren es etliche Millionen. Für die Wühlarbeit in Mais und Raps, für zertrampelte Haferfelder und umgepflügte Kartoffeläcker bitten die Landwirte jeden Sommer zur Kasse. Die Schadensregulierung geht per Bundesjagdgesetz zu Lasten der Jagdgenossenschaften, die sie bei Verpachtung des Reviers an den Jagdpächter weitergeben. Die deutschen Jagdgesetze fordern generell, dass Wildbestände der Landeskultur angepasst sein müssen.

Durch Ablenkungsfütterungen ohne jegliche Bejagung versuchen die Jäger, das Schwarzwild in den kritischen Monaten von den Feldern fernzuhalten und im Wald zu binden. An anderen Stellen soll durch so genannte Kirrungen – geringe Futtergaben zum Anlocken des Wildes – die Effektivität der Jagd auf die ausgeprägt nachtaktiven Anpassungskünstler gesteigert werden.

Die meisten Jäger möchten in ihren von den Grundeigentümern teuer gepachteten Revieren attraktive Wildarten bejagen können, die wie das Wildschwein eine spannende Jagd versprechen. Dieser nachvollziehbare Wunsch führte in Einzelfällen sicher auch dazu, dass man bei den Futtergaben für das Schwarzwild über das Ziel hinausschoss. Nach Untersuchungen der Universität Freiburg ernährte sich das Schwarzwild im fraglichen

Untersuchungsgebiet zu einem beträchtlichen Teil von ausgebrachtem Futter. Inzwischen wurden die Bestimmungen bezüglich der Fütterung von Wild in den meisten Bundesländern präzisiert und den heutigen biologischen und jagdlichen Erfordernissen angepasst.

Jagen heißt heute nicht mehr: Beute machen, um zu überleben und die Familie ernähren zu können. Jagen ist eine verantwortungsvolle Freizeitbeschäftigung, für manche auch Beruf, und eine Leidenschaft. Jagen kostet Geld und Zeit, und Jagen bedeutet auch Jagen um des Jagens willen. Vertreter der verschiedensten Interessengruppen kontrollieren zunehmend das Verständnis und Tun der Jägerschaft in einer gewandelten Gesellschaft und unter den geänderten Bedingungen der heutigen Kulturlandschaft. Wie in anderen Bereichen auch, hängt bei der Jagd der Erfolg allen Wissens, aller Vorschläge und Bejagungsmodelle nicht zuletzt von der Einsicht und auch der Moral der Handelnden ab. „Dass wir Jäger die Schwarzwild-Ablenkungsfütterung zukünftig art- und sachgemäß betreiben und die Kirrung nicht zur Fütterung werden lassen, bedeutet einen wichtigen Teilschritt“, ist sich Norbert Happ sicher. „Bei der hohen Reproduktionsrate dieser Wildart ohne natürliche Fressfeinde reicht es außerdem nicht, nur Frischlinge und Überläufer zu schießen. Um Schäden in der Landwirtschaft zu vermindern, müssen wir den Grundbestand einer lokalen Population drastisch reduzieren und beim Abschuss noch stärker und mit Sachverstand in die reproduktive Klasse der Bachen eingreifen. Dazu gehören unabdingbar sozial richtig aufgebaute Bestände, die man zunächst durch den ganz hohen Abschuss in der Jugendklasse erreicht.“ Als Schwarzwildkenner und Revierförster mit jahrzehntelanger Praxiserfahrung weiß er, wie schwer es ist, den reproduktiven Status und die Rottenfunktion der weiblichen Tiere vor dem Schuss richtig zu beurteilen – besonders für Jäger, in deren Revieren Wildschweine erst in jüngerer Zeit eingewandert sind, und denen es noch an Erfahrung mangelt.

Professor Christoph Stubbe, Wildbiologe aus Eberswalde, pflichtet ihm bei und geht noch einen Schritt weiter. Seiner Meinung nach müssen gerade die jungen

Frischlings- und Überläuferbachen, von denen ebenfalls ein hoher Prozentsatz trächtig wird, bis kurz vor dem Frischen im Frühjahr gezielt bejagt werden. Über die enorme Verantwortung, die mit dem Bachenabschuss einhergeht, sind sich beide Experten im Klaren. Doch nur so könne der Jäger heute der Aufgabe gerecht werden, die ihm mit dem Jagdausübungsrecht übertragen wird.

Der Erhalt einer „vertretbaren" Populationsdichte, der dem Lebensraum angemessenen Anzahl an Tieren also, ist das Ziel der im Bundesjagdgesetz verankerten „Hege". Wie die „Waidgerechtigkeit" nicht näher definiert, meint der Begriff den Idealzustand zwischen den Extremen einer rigorosen Verfolgung und der Wildtierzucht nach eigenem Ermessen. Gerade in Bezug auf das Schwarzwild sind hier allgemein verständliche Vorgaben

SCHWARZWILDJAGD IST HEUTE MEHR DENN JE LEIDENSCHAFT UND VERANTWORTUNGSVOLLE FREIZEITBESCHÄFTIGUNG ZUGLEICH.

dringend nötig, räumt der Deutsche Jagdschutz-Verband (DJV) 2002 in einem Positionspapier zur Schwarzwildproblematik ein. Der Dachverband der deutschen Jägerschaft weiß um die Unzulänglichkeiten in den eigenen Reihen und nennt selbstkritisch auch Fehler im jagdlichen Management als eine Ursache für die Vermehrung des Wildschweins.

Mit einer verbesserten Ausbildung und einem wachsenden Seminar- und Vortragsangebot zum Thema Schwarzwild will der Verband das Wissen um die Biologie und Ökologie des Wildschweins und daraus abgeleiteter Jagdmethoden bei den Jagdausübungsberechtigten verbessern. Beim Deutschen Tierschutzbund stößt er damit auf offene Ohren, denn schließlich gehe es um das Töten von Mitgeschöpfen.

Eine zentrales Instrument sieht der DJV im Zusammenschluss möglichst vieler Jäger und ihrer Reviere in Schwarzwildhegeringen beziehungsweise -gemeinschaften, weil sie eine verantwortungsvolle und sinnvolle Bejagung auf großer Fläche mit entsprechender Qualitätskontrolle ermöglichen. Norbert Teuwsens „Lüneburger Modell", so der DJV, habe die richtigen Anstöße geliefert, jetzt müssten sie in angepasster Weise mit aller Konsequenz verfolgt werden.

An einigen der genannten Punkte scheiden sich die „Wildschweingeister" noch immer. Doch über einen Nebeneffekt eines an die neuen Gegebenheiten angepassten Verantwortungsbewusstseins sind sich alle Experten einig: Wenn die Jagd in Deutschland die tierschutzgerechte und biologisch sinnvolle Reduktion des Schwarzwilds ganz oben auf ihre Prioriätenliste setzt und das Ziel stabiler Bestände auf angemessenem Niveau konsequent verfolgt, bedeutete dies in Zeiten, in denen sie mit Argwohn betrachtet wird, nicht zuletzt einen enormen Imagegewinn bei der gesamten nicht jagenden Bevölkerung.

Dass die längst zu den Betroffenen gehört, zeigen nicht nur die Beispiele aus deutschen Großstädten. Auch auf dem Land kommen Mensch und Wildschwein sich unweigerlich näher, sei es im Straßenverkehr oder sogar in den eigenen vier Wänden.

Wehrhaft: Ihre Furcht erregenden Hauer, die so genannten „Gewehre", die beeindruckende Körperkraft und ihre erstaunliche Schnelligkeit machen vor allem verletzte Keiler zu äußerst gefährlichen Gegnern.

Sus ante portas!

Sus ante portas!

21.09.2002: Es brodelt bei Hertha BSC. Manager Dieter Hoeneß ist sauer – schon wieder. Ein knappes Jahr war es her, dass eine Rotte Wildschweine den maroden Zaun um das Trainingsgelände von Berlins Vorzeigekickern an mehreren Stellen einfach ausgehebelt hatte. Immer der Nase nach schlichen die Spezialisten für Erdarbeiten auf das Wembleygrün und starteten zu einer ausgiebigen nächtlichen Schlemmertour mit dem Rüssel unter der Grasnarbe. Unbehelligt zogen sie sich zurück und überließen den Platzwart am nächsten Morgen seinem Entsetzen. Große Aufregung. Doch die Hertha konterte. Hoeneß machte eine sechsstellige Summe locker und verstärkte die Defensive mit einer Abwehrkette aus Stahl: zwei Meter hoch und 80 Zentimeter tief in den Grund an der Hanns-Braun-Straße eingelassen. Dieses Bollwerk würde nur „höhere Gewalt" überwinden können. Wie es das Schicksal wollte, kam genau die mit einigen Sturmtagen im September 2002. Mehrere Bäume stürzten auf den Zaun, drückten ihn zu Boden, und ruckzuck waren die Schweine wieder im Spiel. Diesmal hatte der Rasen nicht viel zu bieten, die grunzenden Gäste blieben nur auf einen Snack, und die Berliner Kicker kamen ohne Platzverweis davon.

Bereits 1999 meldete sich mitten im Wahlkampf der Bürgermeister von Zehlendorf, Klaus Eichstädt (CDU), zu Wort. Eine mobile Einsatztruppe müsse her, um den Wühlern Einhalt zu gebieten. Einer Spezialeinheit gleich sollte die Wildschweinwehr mit polizeilichem und jagdlichem Sachverstand Schäden auf Privatgrundstücken, in Parks, Sportstätten und Grünanlagen verhindern. Dabei blieb es. Was die Berliner Wildschweine von derartiger Politik halten, demonstrierte einen Tag nach Eichstädts Verlautbarung die Wildsau, die durch eine breite Glasfront ausgerechnet in die Gebäude des Axel-Springer Verlages hechtete. Erstaunen bei den Wachleuten, Erkenntnis beim Wildschwein. Es machte auf der Ferse kehrt und hinterließ eine zweite Scheibe in Scherben.

Charlottenburg, Tegel, Reinickendorf, Wedding, Weißensee, Köpenick, Grünau, Tempelhof, Zehlendorf,

Blick auf die Hauptstadt vom Müggelseeturm. Aus den großen Waldgebieten vor den Toren Berlins drängen Wildschweine bis in die Wohngebiete vor.

Spandau, die Wildschweine haben das Brandenburger Tor fast zur Gänze umzingelt. Bis auf den Ku'damm haben sie sich vorgewühlt. Ein Dorn im Auge von Laubenbesitzern und Gartenfans, ein Brennpunkt im Zuständigkeitsgerangel von Forsten und Behörden, ein Leckerbissen für Rundfunk und Fernsehen und ein Spiegelbild der Lage im Rest der Republik.

BIS AUF DEN KU'DAMM HABEN SICH DIE WILDSCHWEINE VORGEWÜHLT

Etliche Berichte über die „Sauereien“ in der Hauptstadt stammen aus der Feder von Kurt Geisler. „Berlins Grünster Reporter“, wie ihn die Förster hier nennen, kam 1955 als Journalist zur Berliner Morgenpost und schrieb als leitender Redakteur im Bereich „Lokales“ bis heute mehr als 1.000 Berichte und Kolumnen über Berlins wilde Natur. Seit 1993 ist er in Pension, sitzt aber dennoch fast jeden Tag am Schreibtisch. Nach wie vor nutzt er seine Kontakte zu den Forstleuten und Naturschützern für Texte über Uhus, Schwarzstörche und Seeadler in und um die grüne Hauptstadt.

„Wildschweine? Oh, da kann ich Ihnen eine ganze Menge erzählen.“ Kurt Geisler blättert in dicken Ordnern mit Veröffentlichungen, die auf dem Wohnzimmertisch liegen. „Ja, das weiß ich noch ziemlich genau. Mein erster Bericht über die Wutzen, 1957 oder '58 muss das gewesen sein, in Spandau.“ Er zieht einen vergilbten Zeitungsausschnitt aus einer Klarsichthülle. „Vorsicht Wildschwein!“ warnt die Schlagzeile. Ein Zöllner hatte sich damals am Grenzweg aus Angst vor einer Bache auf einen Baum geflüchtet. Wir suchen weiter. Im darauf folgenden Jahrzehnt häufen sich die Meldungen. Mal trollte eine Rotte über die Havelchaussee, ein andermal marodierten die Sauen auf dem Grunewalder Waldfriedhof. In den 1970ern jagte eine Bache mit Frischlingen eine vierköpfige Familie aus Tempelhof mit Kind und Kegel auf die Bäume. „Die wissen genau, was los ist, die Brüder. Da erlebt man die dollsten Dinger. Ist noch gar nicht so lange her, da hatte eine Familie in Heiligensee eine Bache handzahm gefüttert. Die achtjährige Tochter konnte sogar auf ihren

Rücken klettern, als wär's ein Pony." Warum es denn überhaupt so viele Wildschweine in Berlin gebe, frage ich ihn. Er denkt einen Moment nach. Genau könne er das natürlich nicht sagen, aber wahrscheinlich fühlten sie sich in den Gärten der Villen und Wohnanlagen und in den vielen kleinen Parks und Grünflächen schlicht sauwohl. „Wildschweine gehören einfach zu Berlin. Wie der Funkturm und das Brandenburger Tor."

Eine gute Stunde später steige ich in „Wannsee" aus der S-Bahn und dränge mich durch etwa 30 Fahrgäste an der Haltestelle. Ein kalter Märzwind bläst mir um die Ohren. Auf den Grünstreifen schwanken Osterglocken im Takt der vorbeirauschenden Autos. Feierabendverkehr über die Wannseebrücke Richtung Potsdam. Die S 1 fährt um diese Zeit im Fünf-Minuten-Takt über Zehlendorf nach Kreuzberg und zurück. 500 Meter weiter trifft die Regionalbahn auf die Avus und folgt ihr bis in die nordwestlichen Stadtteile. Autos, Fahrräder, Fußgänger, Hunde, ein Betrieb wie auf einem Volksfest. Und in diesem Trubel soll hier an der S-Bahnstation eine Wildschweinmutter ihren Nachwuchs aufgepäppelt haben?

Das ist die erste Frage, die ich Marc Franusch am nächsten Morgen stelle. Bei meinen Recherchen war ich auf eine ganze Menge abenteuerlicher Geschichten rund um die Wildschweine in der Hauptstadt gestoßen. Doch angesichts solcher Menschenmengen ist mein Glaube an die lebhaften Anekdoten von Kurt Geisler und die Schlagzeilen der Tagespresse über Nacht gehörig ins Wanken geraten. Der Pressesprecher der Berliner Forsten lacht. „Doch", sagt er, „das ist so ziemlich die Wahrheit." Und die Bache am S-Bahnhof Wannsee habe er sogar selbst mehrfach gesehen, wenn er morgens zu seinem Arbeitsplatz im Landesforstamt am Wannseebadweg marschiert ist.In wenigen Monaten zieht seine Verwaltung in den Ostteil der Stadt. „Da haben wir mehr Platz, aber die Sauen stehen wohl nicht mehr morgens bettelnd am Tor. Jetzt liegen sie bestimmt wieder da hinten bei den umgestürzten Kiefern." Also doch. Sogar hier, in Sichtweite zur Exekutive des Landesjagdgesetzes, demonstrieren die Schweine dreiste Entschlossenheit. Dabei hätte Marc

Gut gewässerte Sportanlagen und Friedhöfe, Gärten mit Komposthaufen, kein Jagddruck: ein Paradies für Wildschweine

Schweinebande

Lagebesprechung im Forstamt Berlin: Wildschweine versetzen Badegäste am Müggelsee in Aufregung.

Franusch die tägliche Erinnerung an ihre Präsenz gar nicht nötig. Woche für Woche läuft in Sachen Schwarzwild bei ihm das Telefon heiß. Ein wesentlicher Teil seines Jobs ist Aufklärung, Öffentlichkeitsarbeit und Beratung oder gar Schlichtung in schwierigen Fällen.

„WIR KÖNNEN DOCH NICHT IN WILDWEST-MANIER IN DEN WOHNGEBIETEN RUMBALLERN."

Er bestätigt die Aussagen von Kurt Geisler. Wildschweine treiben in Berlin seit Jahrzehnten ihr Unwesen. Nach der Wende nahmen ihre Zahl und damit die Schäden an öffentlichen Grünanlagen und auf Privatgrundstücken so stark zu, dass die Berliner Forsten immer häufiger unter

„Blondi" frischte im April 2001 in diesem Garten in Berlin Hermsdorf.

Wo Duftzaun und Reflektoren nicht reichen, werden einzelne Sauen betäubt und mutterlose Frischlinge mit dem Kescher eingefangen.

Neulich auf dem Weg
zur Arbeit in Berlin
Heiligensee ...

die spitze Feder der Hauptstadtpresse gerieten. Tages- und Wochenzeitungen, alle waren sie auf der Jagd nach umgepflügten Fußballplätzen, zu Tode erschrockenen alten Damen und verletzten Rassehunden. Angesichts des journalistischen Kreuzfeuers gerieten etliche der 50 Berliner Förster unverhofft in Erklärungsnöte.

„Streng genommen sind uns die Hände gebunden", erklärt Franusch. „Wir verstehen ja, dass die Menschen beunruhigt sind, aber wir können doch nicht in Wildwest-Manier in den Wohngebieten rumballern." Genau da liegt nur eines von vielen Problemen. Laut Jagdgesetz herrscht in Siedlungsbereichen Jagdruhe. Es darf nur geschossen werden, wenn Gefahr für Leib und Leben besteht – durch die Schweine und nicht durch den Schützen, versteht sich. Und wer will das schon ermessen, fragt Franusch. Viele seiner Kollegen haben Angst, unter den Augen einer Horde von Zaungästen den tödlichen Schuss abzugeben. Im schlimmsten Fall fliegt der Geschosskern mehrere Kilometer weit. Schießen sie trotzdem, dann klatschen auf der einen Seite die Gartenbesitzer, von der anderen schreit es „Tierquäler" und „Mörder". Wenn es nur dabei bliebe. Forstamtsleiter Karl-Heinrich Gerlach hat den Zorn der Wildschweinfans schon so manches Mal in Form von Hieben mit Regenschirmen und Spazierstöcken zu spüren bekommen.

„Angenommen, ein Wildschwein hat sich einen Garten als Ruheplatz für das mittägliche Nickerchen ausgesucht", skizziert Marc Franusch einen häufigen Fall. „Dann bleiben uns vor Ort eigentlich nur eine Handvoll Möglichkeiten. Wir können das Tier erschießen. Das versuchen wir aber zu vermeiden, wenn es irgendwie geht. Wir können einen Veterinär hinzuziehen, der das Wildschwein mit einem Schuss aus dem Blasrohr betäubt. Das hat so seine Tücken, denn der Arzt muss sehr nah an das Tier heran. Und wenn wir es bei Erfolg in eines unserer Wildgatter verfrachten, gibt es Probleme mit der Integration in den Sozialverband vor Ort. Bringen wir es ins nächste Waldgebiet, liegt es zwei Tage später wieder im gleichen Garten. Oft bleibt uns nur, die Anwohner zu beruhigen, ihnen die Situation darzulegen und sie um Geduld zu bitten, bis das Tier von selbst verschwindet."

Erinnerungsfoto aus der „Wildnis“

„SICHERT EURE GÄRTEN!“

In den meisten Fällen entsteht das Problem lange vor dem Eintreffen der Förster, erklärt mir Franusch. Denn die Frage sei doch, wie kommen die Wildschweine überhaupt in den Garten? Nichts leichter als das. Wer soviel Muskelmasse in Hals und Nacken mit sich herumträgt, für den sind mittelprächtig gesicherte Gartenzäune ein Kinderspiel. Wo ihnen der Geruch eines gut gefüllten Komposters in die Nase steigt, hebeln die Sauen mit ihrem Rüssel den Zaun in wenigen Minuten so weit hoch, dass sie sich darunter hindurchzwängen können. Der Weg ins Schlaraffenland ist frei. Einziges Mittel gegen die Eindringlinge ist ein stabiler Zaun. Jedes Jahr aufs Neue beschwört die Landesforstverwaltung in Info-Schreiben, Veranstaltungen und an den „Sorgentelefonen“ ihres Pressesprechers und der Revierförstereien die Bewohner in Gebieten mit Wildschweinaktivität: „Sichert Eure Gärten!“ Ein Schutz, der sich auszahlt. Denn den Schaden, der nach einem Mundraub mit Wühlarbeiten zurückbleibt, ersetzt weder die Forstbehörde, noch fühlt sich irgendeine Versicherung zuständig. Draußen vor dem Tore haftet der Jagdberechtigte für Wildschäden. In Siedlungsbereichen gelten Wildschwein, Reh & Co. laut Landesjagdgesetz als herrenlos.

Anwohner in Berlin Müggelheim hängen ihre Gelben Säcke außer Reichweite.

ERLENGRABENTEICH

Lebensräume vor den Toren der Hauptstadt: Berlin bietet Wildschweinen alles, was sie brauchen (oben: Heiligensee, unten: Tegel)

Dieser Haftungsausschluss schmerzt Privatleute und kleinere Vereine ganz besonders, fördert aber mitunter einen erstaunlichen Ideenreichtum zutage, wenn es darum geht, Rache zu nehmen an den respektlosen Randalierern. Seit einem verheerenden Wildschweinüberfall im August 1999 spielt zum Beispiel der FV Wannsee mit den Nachbarvereinen im Sommer um den „Wildschweinpokal". Ein wühlfester Eisenzaun, finanziert aus Mitglieder- und Sponsorenmitteln, hält die vierbeinige Konkurrenz dabei auf Distanz. Aber damit nicht genug. Gestiftet vom Revierförster landet jedes Jahr ein Wildschwein auf dem Stadiongrill, und in den Pausen servieren die Spielerfrauen Ballkünstlern wie Besuchern zarten Schweinebraten.

Nach so vielen Geschichten raucht mir gehörig der Kopf. Höchste Zeit, dass ich meine ersten Hauptstadtschweine vor die Kamera bekomme. Leichter gesagt als getan. 27.000 Hektar Wald verwalten die Berliner Forsten. Kein anderes kommunales Waldgebiet in der Republik ist so groß. Trotz eines geschätzten Frühjahrsbestandes von fast 4.000 Wildschweinen müsste ich doch ziemlich lange suchen. „Erkundigen Sie sich bei Roland Grund, Forstamt Tegel", rät mir Marc Franusch zum Abschied. „Der weiß eigentlich alles über die Berliner Schweine".

„Naja, alles ist vielleicht ein bisschen übertrieben", wehrt Roland Grund ab, als ich ihn im Forstamt Tegel besuche. Aber so verschmitzt wie er mich dabei ansieht, kommt „alles" der Wahrheit wohl recht nahe. Mit fast 40 Jahren Erfahrungen in Sachen Forst und Wild ist er – nach dem Pressesprecher – für Zeitung, Hörfunk und Fernsehen DIE Adresse beim Thema „Wildtiere im Stadtgebiet". Im Laufe unseres Gesprächs weicht seine anfängliche Skepsis gegenüber „noch so einem Journalisten" der Begeisterung für die Tiere. „Schweine sind hier im Tegeler Forst eigentlich überall", sagt er. Ganz aktuelle Brennpunkte gäbe es allerdings gerade nicht. Vor ein paar Tagen riefen ihn mehrere Anwohner und Hundebesitzer vom Erpelgrundteich an, weil eine Bache mit sieben Frischlingen dort um die Häuser zog. Eine vorwitzige Schäferhündin, die dem Wildschweinnachwuchs zu nahe gekommen war, hatte die Bache auf den

OP-Tisch des nächsten Tierarztes befördert. „Da sind die Leute selber schuld", weiß Grund. „Erst füttern sie die Schweine handzahm und dann lassen sie ihre Hunde trotz Leinenzwang auch noch frei durch die Gegend rennen."

Attacke! Wer ihren Frischlingen zu nahe kommt, hat nichts zu lachen. Das gilt auch in Berlin.

„WILDSCHWEINE SIND WILDTIERE UND KEINE SCHOSSHÜNDCHEN."

Ich frage nach, ob auch schon Menschen verletzt worden seien. „Ich glaube, da bin ich so ungefähr der Einzige hier, der mal was abgekriegt hat", kommt die Erwiderung mit einem Schmunzeln. Vor etlichen Jahren hatte ihn eine Bache angenommen und kräftig gebissen, als er ihre Frischlinge mit Ohrmarken versehen wollte. Drei Wochen lang konnte er nicht richtig laufen, liegen oder sitzen. Er ist überzeugt davon, dass es seine Schuld war, dass er angegriffen wurde. Und das, obwohl er schon oft Frischlinge markiert und später ihren Lebensweg verfolgt hatte. Dabei wurde klar, dass viele jüngere Bachen wissen überhaupt nicht mehr wissen, wie ein natürlicher Wildschweinlebensraum aussieht, berichtet Grund. Als Frischlinge haben sie mit Hunden gespielt, auf Schulhöfen die Kinder um ihre Pausenbrote erleichtert und später selbst in einem Garten oder auf einem verwilderten Grundstück ihren Nachwuchs zur Welt gebracht. Aber wie jede Mutter verteidigen sie ihre Jungtiere, ganz egal ob der Störenfried zwei oder vier Beine hat. „Die Leute unterschätzen die Kraft und die Schnelligkeit der Wildschweine. Und wenn sie noch so lammfromm am Gartentor stehen und betteln, es sind Wildtiere und keine Schoßhündchen. Obwohl", und da fährt er sich verlegen durch den Bart, „hier bei uns in Heiligensee gab es ein Schwein, da bin ich mir nicht so sicher." Susi, so hieß das „Familienwildschwein". Die Bache beim Kutschenverleih Grundschöttel in der Hennigsdorfer Straße war im Bezirk bekannt wie ein bunter Hund. Als verwaisten Frischling hatte Meister Grundschöttel sie am Tegeler See aufgelesen und in einer seiner Pferdeboxen groß gezogen. „Sehr groß", fügt Roland Grund hinzu. Deshalb ging Susis Ziehvater nur noch selten mit ihr und seinem Dackel im Ort spazieren. Bald hatte sie herausgefunden, an welcher Pommes-Bude

B
CM 765

„Schween", „die Kleen'n" und vorjährige Frischlinge auf dem Bauernhof von Uwe Greiert

es die leckersten Hamburger gab und wann die Zweibeiner in Massen mit ihren blau-weißen Tüten aus dem Aldi-Markt an der S-Bahn Brücke strömten. Wenn sie nur lang genug und mit vollem Körpereinsatz (Grund schätzt, dass die Bache mehr als 100 Kilogramm auf die Waage brachte) bettelte, fiel spätestens an der Autotür eine Tüte Nudeln oder eine Tafel Schokolade für sie ab. „Vergangenen Herbst haben wir sie geschossen. Draußen auf den Heiligenseer Feldern. Sie hat sich am Ende ziemlich oft so weit weg von zuhause herumgetrieben", erzählt der Förster. Meine bereits sehr bildreichen Fotoideen zerplatzen wie Seifenblasen. Er denkt einen Moment nach. „Es gibt da in Heiligensee einen Bauern. Greiert, heißt der. Auf seinem Hof spazieren die Wildschweine aus und ein. Vielleicht haben sie bei ihm ja Glück."

Zehn Minuten später holpere ich im Schritttempo über einen Feldweg in Verlängerung der Straße „Am Dachsbau". Auf der rechten Seite liegen Einfamilienhäuser jenseits von langgestreckten Gärten. Hoch aufgeschossene Erlen und Eichen stehen locker verteilt auf den schattigen Rasenflächen. Fast in jeder Gartenecke türmt sich ein Komposthaufen. Die Zäune hier wirken stabil und sind allesamt intakt. Links säumen Pappeln den Weg, dahinter erstrecken sich zwischen Heiligenseestraße und Elchdamm etliche Hektar Getreidefeld. Jetzt öffnet sich rechts eine kleine Parkbucht, dahinter liegt ein verwildertes Grundstück. „Parkplatz nur für Kunden" , verkündet ein handgeschriebenes Schild am Zaun und daneben „Eier, Milch, 9–12 Uhr". Beim Aussteigen fällt mein Blick auf ein anständiges Loch im Drahtgeflecht des Gartentores. Zwischen den aufgebogenen Metallsträngen klemmen lange Borsten. Hier hat ein Wildschwein offensichtlich die Klinke ignoriert und sich seinen eigenen Weg gebahnt. Vorsichtig schaue ich mich um.

Weder auf mein Klopfen noch auf mein Rufen eine Antwort. Durch dichte Dornenbüsche erreiche ich den Hofplatz. Links dampft ein mächtiger Misthaufen, weiter hinten stehen einige Anhänger, lagern Strohballen und schauen ein paar Kühe in einem hohen Verschlag neugierig zu mir herüber. Rechts führt ein großes Schiebetor in einen Stall. Es riecht nach Kuh. Als ich das Tor öffne,

Einmal am Tag will „Schween“ seine Streicheleinheiten.

fühle ich mich seltsam beobachtet. Ganz langsam schaue ich zurück über die Schulter.

Sie steht neben dem Misthaufen, die Nase tief am Boden, die in lebhafter Bewegung, und starrt in meine Richtung. Deutlich hörbar saugt sie die Luft ein. Der ammoniakgeschwängerte Duftmix aus Kuhmist, Stall und fauligem Stroh verwässert wohl selbst in ihrer Schweinenase meine menschliche Geruchsnote. Mit ruhiger Stimme gebe ich mich als Zweibeiner zu erken-

„Wachschwein“ …

nen und erkläre friedliche Absichten. Beim ersten Ton hebt die etwa fünfjährige Bache den Kopf und schaut direkt an mir samt Kuhstall vorbei. Ohne mich noch eines Blickes zu würdigen, zuckelt sie grunzend los. Auf ihr Kommando tauchen fünf, sechs, nein acht Frischlinge hinter dem Misthaufen auf und galoppieren hinter ihrer Mutter her.

„ABA DENK' AN DET SCHWEIN. DET HAT SO SEINE LAUN'N, WEESST'DE."

„Ja, wat is denn nu' schon wieda los, Schwein? Nu jlotz mir nich' so doof an, wa. Et jibt nischt. Nee, un' für de Kleen'n ooch nich'“, berlinert es um die Stallecke herum. Eine Karre mit Mist rollt auf mich zu, dahinter ein kräftiger Mann Anfang dreißig in Turnschuhen, Jeans und gelbem Pullover, gefolgt von „Schwein“ und den „Kleen'n“. Ich stehe immer noch wie angewurzelt am Stalltor. „Na, wie sin' Sie denn hier rin jekomm'n?“ spricht er mich an und schiebt weiter. „Heut' verkofen wir aba keene Eia mehr.“ Mit Schwung landet der Mist auf dem zugehörigen Haufen. Familie Wildschwein an seiner Seite beäugt mich voll Argwohn. Ich wäre wegen der Schweine gekommen, entschuldige ich mich. „Na, denn sind Se' wohl ooch so'n Pressefuzzi, wa'? Hat der Jrund se' jeschickt?“ Kein Blick könnte Misstrauen besser ausdrücken als der von Uwe Greiert. Wie ein Schäferhund wacht die Bache an seiner Hosennaht. Die Frischlinge drängeln sich neugierig zwischen zwei und vier Beinen hindurch. Ich bin relativ eingeschüchtert. Meine Erläuterungen bleiben mir fast im Halse stecken, als ich sehe, wie die langen Borsten im Nacken von Mutter Wildschwein bei jedem Wort nervös zucken. Doch fünf Minuten später bin ich „du“ und darf auf seinem Hof fotografieren, was ich will. „Aba denk' an det Schwein. Det hat so seine Laun'n, weeßt'de.“ Er verschwindet wieder im Kuhstall. Jetzt gibt es nur noch Schwein, die Kleen'n und mich. Fast scheint sie enttäuscht, dass ihr „Herrchen“ mich nicht vom Hof geworfen hat. Ich rede weiter beruhigend auf sie ein, und siehe da, nach kurzer Zeit weicht das hündische Wachgehabe schweinischer Gleichgültigkeit. Während die Frischlinge eine völlig entsetzte Ente um die Reifenstapel scheuchen, hole ich meine Fotoausrüstung aus dem Wagen.

„Schwein“ steht noch so da, wie ich sie verlassen habe. Mit gesenktem Kopf, so als döste sie im Stehen. Die Ente hat sich rechtzeitig vor dem Herzinfarkt auf einen Haufen Strohballen geflüchtet und macht ihrer Entrüstung lauthals Luft.

Zwei Nachmittage bin ich bei Uwe Greiert auf dem Hof. Soviel Interesse an seinen Vierbeinern ehrt ihn, und er erzählt bereitwillig, wie er vor 18 Jahren mit seinem Vater eine Bache in der Scheune entdeckte, die die beiden Landwirte sofort angriff. Die Greierts ließen sie in Ruhe, und eine Woche später tobten die ersten Frischlinge durch die Stallungen. Seitdem gehören die Wildschweine zum Inventar wie Pekingenten, etliche Katzen, Kühe und ein Stall voll Hühner. Gefüttert hätten sie die Sauen nie so richtig. Vielleicht hier mal eine Schale Milch, einige Handvoll Getreide oder auch mal ein verendetes Huhn. Ansonsten fänden die Tiere auch selbst genug draußen auf den Feldern und in den Grünanlagen der Siedlungen. Und im Winter, so im November bis Dezember, erzählt Uwe, kommt der Keiler aus dem Wald beim Elchdamm ’rüber. Drei oder vier Tage hat er auf dem Hof nur Augen für die rauschige Bache, dann verschwindet er wieder so heimlich, wie er aufgetaucht ist.

Am Spätnachmittag des zweiten Tages liegt die ganze Schweinebande erschöpft unter dem Fliederbusch an der Ecke des Kuhstalls. Eine Katze schleicht durch den Gang zur Terrassentür des Wohnhauses, sieht die Familie schlafen, verschwindet aber trotzdem mit einem rekordverdächtigen Sprung über das Dach des Hühnerstalls. Mit hochgekrempelten Ärmeln schiebt Uwe die x-te Karre aus dem Stall und stützt sich neben mir auf seine Mistgabel. „Mensch“, seufzt er „det is ooch ma janz schön, wenn det so ruhig is’.“ Manchmal hätte er nichts dagegen, wenn Förster Grund „mal dazwischen halten würde“, gibt er zu. Andererseits würde ihm auch etwas fehlen. Er denkt nach, sechs Jahre ist Schwein jetzt hier auf dem Hof. Mindestens einmal am Tag kommt sie auf ihn zugetrottet und wirft sich auffordernd vor ihm auf den Boden.

Berlin Konradshöhe, April 2003: Seit zwei Jahren frischt diese Bache im Siedlungsbereich. Angst vor Menschen und Hunden kennt sie nicht und ist meist tagsüber unterwegs.

„Da kann ick jar nich' andas un' hock mir erst ma 'ne Weile hin un' kraul' ihr de' Schwarte. Is' schließlich der beste Wachhund, den ick mir wünsch'n kann. Un' det ooch noch steuerfrei!"

Vier von acht Frischlingen durchwühlen noch den Misthaufen bei Greierts, als ich im September zu einem Wiedersehen in Heiligensee vorbeischaue. Uwe erzählt, dass es im Sommer Ärger mit den Eigentümern in der benachbarten Laubenkolonie gegeben habe. Die Borstenbrigade vom Bauernhof hatte wiederholt die Schrebergärten heimgesucht, die nicht durch einen stabilen Zaun gesichert waren. Gedroht hätten sie ihm, sie würden Schwein & Co. diesen Sommer auf den Grill werfen. Alles sei seine Schuld. Und das ginge ja nun schon seit zwei Jahrzehnten so. Auch der Landwirt, der die Felder am Elchdamm bewirtschaftet, hatte sich beschwert und das Forstamt aufgefordert, etwas gegen die Verwüstungen in seinem Rapsfeld zu unternehmen. Uwe Greiert schüttelt den Kopf. Da kommen die Kinder der Laubenbesitzer und werfen seinen Wildschweinen alte Brötchen und Hundefutter über den Zaun, und ihre Eltern wundern sich, dass die Tiere in der nächsten Nacht bei ihnen in der Kolonie auftauchen.

Roland Grund ist ebenfalls der Meinung, dass Probleme mit den Wildschweinen weitgehend hausgemacht sind. „Sauen sind die gewitztesten Opportunisten, die ich kenne. Die merken sofort, wo und wann ihnen durch Jäger keine Gefahr droht. Und als Allesfressern ist die Stadt für sie das reinste Paradies. Wenn dann noch selbsternannte Tierliebhaber daherkommen und die Sauen mit allem füttern, was der Supermarkt hergibt, bleiben die Tiere, solange es Nachschub gibt."

Marc Franusch ist sich sicher, dass die Strecke für die Jagdsaison 2002/2003 ein neues Rekordergebnis von mehr als 1.800 Sauen bringen wird. Weniger als 20 Prozent davon sind Verkehrsopfer. Über mangelnden Jagdeifer könne sich da wohl niemand beklagen, meint Franusch. Die hohe Bestandsdichte, die Grundlage für diese Streckenzahlen, verwundert nicht, wenn man 89.000 Hektar „Grüne Hauptstadt" einmal genauer unter die Lupe nimmt. Denn nur 49.000 Hektar sind bebaut.

Der Rest verteilt sich auf 10.000 Hektar Parks und Grünflächen, 6.000 Hektar Acker und Grünland, gut 17.000 Hektar Wald und knapp 6.000 Hektar Wasserflächen. Ein Wildschweinlebensraum par excellence, den allerdings Tausende Kilometer Wander- und Radwege zerschneiden, und der ein Erholungs- und Freizeitparadies für ein Heer von Hundeliebhabern, Spaziergängern, Joggern, Rad- und Wassersportlern ist, das die 50 Quadratmeter Wald pro Berliner im Dauerbetrieb nutzt. Diese Extremsituation fordert von den den Berliner Förstern oein erhebliches Maß an Verantwortung, Umsicht und Rücksicht.

Wenn in Brandenburg die Wildschweine zur Zeit der Milchreife auf die Felder und später in den Mais ziehen, suchen ihre Berliner Artgenossen in den Monaten Juni bis Oktober gerne Wohngebiete und Parks auf. Dort finden sie auf den regelmäßig bewässerten Grünflächen Würmer und andere Bodenlebewesen im Überfluss. In vielen der betroffenen Bezirke hat der Senat in den letzten Jahren Ausnahmegenehmigungen bewilligt, die das Gebot der Jagdruhe für einige „Stadtjäger" aufheben. Nach Absprache mit den zuständigen Forstbeamten können diese Jäger bei Gefahr für die Bürger schnell und unbürokratisch eingreifen.

„Die sind doch so süß!" – Die Frischlinge in der Nachbarschaft dürfen auch schon einmal neugierig am Kickboard knabbern.

„Rasselbande" – nach dem Spielen lockt die Bache ihre Frischlinge mit sanften Grunzlauten zu sich.

„Das ist aber nicht mehr als ein Tropfen auf den heißen Stein“, kommentiert Marc Franusch. Angesichts der offensichtlichen globalen Erwärmung und der damit verbundenen Störung im Mastwechsel bei Eichen und Buchen, angesichts der Neubaugebiete am Stadtrand, die immer mehr Lebensraum von Wildschweinen, Rehen und Füchsen überwuchern, erscheinen ihm solche Bemühgen häufig wie die reinste Sisyphos-Arbeit. „Wir sind selbst daran schuld, dass die Tiere Zuflucht in der Stadt suchen“, ist sich der Förster sicher. „Und die Wildschweine sind viel zu clever, als dass sie freiwillig hier verschwinden würden. Das müssen wir einfach akzeptieren.“

In den letzten zehn Jahren hat sich Berlin zur Kulturhauptstadt Europas gemausert. Die Elite der Kunst-, Musik – und Literaturszene hat zwischen Grunewald und Müggelsee quasi ihr Optimalhabitat entdeckt und ist produktiv wie nie. Von Vielen unbemerkt oder gar ignoriert, wogt in Berlin nicht erst seit dem Mauerfall eine weitere Einwanderungswelle. Eine Vielzahl bedrohter Tierarten, darunter die „High-Society“ der Roten Liste unserer Nation, erobert die Hauptstadt und schafft neue Keimzellen für ihr Überleben. Wildschweine sind dank ihrer Hinterlassenschaften bei der Nahrungssuche und aufgrund ihrer Respekt einflößenden Erscheinung noch die Auffälligsten unter den Neubürgern. Genauso wie Mutter Natur vor den Toren muss der Lebensraum Stadt natürlich die Grundbedürfnisse einer Art befriedigen. Das gelingt der „Grünen Hauptstadt“ nicht nur in Bezug auf die

„WIE DÜRFEN UNS NICHT WUNDERN, DASS DIE TIERE ZUFLUCHT IN DER STADT SUCHEN.“

Wildschweine. Mehr als 140 Brutvogelarten und über 40 Säugetierspezies lassen keine Zweifel daran: Berlin ist auch Naturmetropole! „Füchse sind derzeit Stadtgespräch, und natürlich Marder“, berichtet Marc Franusch. Seit drei Jahren ebbt die Aufregung um das Schwarzwild langsam ab. Nach wie vor gibt es aus Wohngebieten und öffentlichen Anlagen Berichte über Zwischenfälle, aber die Menschen haben sich offensichtlich mit ihren wilden Nachbarn arrangiert.

Immer häufiger dringen Wildtiere in die Festungen unseres Alltags ein, die uns doch gegen alles Wilde abschotten sollen. Die Gründe für die tierische Landflucht sind vielschichtig. Klar ist, dass der Mensch an dieser Entwicklung die Schuld trägt. Lässt man globale Erscheinungen wie Erwärmung und Umweltverschmutzung unbeachtet, ist die Zerstörung und Zerschneidung von Lebensräumen durch Städte und Straßen ein wesentlicher Faktor. Große, standorttreue Wildtierarten wie das Wildschwein brauchen große Lebensräume, die durch Korridore miteinander vernetzt sind, als Deckung, als Nahrungs- und Ruheplätze. Verkleinern sich ihre Rückzugsgebiete durch menschliche Eingriffe, treten sie immer häufiger die Flucht nach vorn an.

Gleichzeitig sind die Ansprüche der menschlichen Mieter an ihre Wohnumgebung erheblich gestiegen. Jeder will heute in der Stadt und trotzdem „im Grünen“ wohnen. Mit diesem Slogan lockten auch die Stadtväter der Industriemetropole Wolfsburg Einwohner in die Neubaugebiete am Hattorfer Holz und im Stadtteil Westhagen. Großzügige Grünanlagen und eine abwechslungsreiche Bepflanzung waren Wildschweinen allerdings genauso willkommen wie der neuen Mieterschaft. Einige Sauen hatten wohl unbeschadet die A 39 überquert und siedelten sich zwischen Fernstraße und Wohnanlagen an. Bald mussten Spazierwege gesperrt werden, weil die Bachen einer Rotte direkt daneben ihre Wurfkessel

Rasenschnitt – ein Leckerbissen! Gartenabfälle locken Wildschweine in die Nähe von Siedlungen, wie hier in Berlin Tegelort.

angelegt hatten. Rasenflächen wurden umgewühlt, Jogger suchten ihr Heil in der Flucht, Verkehrsunfälle mit Wildberührung nahmen zu. Auf der Suche nach einer Lösung setzte die Jägerschaft im Westhagen biologischen Sachverstand gegen Wohnkultur und stutzte die Deckung für die Tiere auf ein Minimum zusammen. Einige Sauen wanderten daraufhin ab. Im Hattorfer Holz hatten die Waidmänner mit Kirrungen und verstärkter Bejagung weniger Erfolg. Viele Anrainer reagierten und machten ihre Gärten mit stabilen Zäunen schwarzwildsicher.

In Völklingen frischte eine Bache im Frühjahr 2001 direkt unter den Fenstern der Biologieräume der Schule in der Heinestraße. Nach einigen Angriffen der Wildschweinmutter trauten sich die Schüler nicht mehr auf den Schulhof. Angst bei den Eltern, Ratlosigkeit bei den Lehrern. Kurz entschlossen stellte man einen 70 Meter langen und drei Meter hohen Bauzaun um das Brombeergestrüpp, versorgte die Bache täglich mit Mais, Getreide und Wasser, und als die fünf Frischlinge 14 Tage später mobil genug waren, geleitete ein Sonntagsaufgebot aus Polizei, Feuerwehr und Jägern die Tiere von den Gründen der Lehranstalt. Jäger und Förster vor Ort bestätigten mir, dass Wildschweine bereits häufiger in Völklingen aufgetaucht seien. Mal war es eine Bache mit Frischlingen auf einem Spielplatz, ein anderes Mal zwei Überläufer, die in einem Kreisverkehr am Stadtrand überfahren wurden.

Dass sie uns einmal so zahlreich so nahe kommen würden, damit hätte zu Beginn des letzten Jahrhunderts wohl niemand gerechnet. Möglicherweise hatte die kommerzielle Verwurstung der degenerierten Nachfahren des Wildschweins unsere Großeltern bereits vergessen lassen, was in Sus scrofa wirklich steckt. Vielleicht hatte auch der Glanz des menschlichen Triumphes über die Natur unser Urteilsvermögen so sehr geblendet, dass wir glaubten, selbst uralte Naturgesetze hätten darunter ihre Gültigkeit verloren. Ganz im Gegenteil, hat doch unser Triumph bereits ganz anderen natürlichen Gesetzmäßigkeiten erheblich auf die Sprünge geholfen als nur Angebot und Nachfrage. Eins ist sicher, Wildschweine verfügen über die besten Voraussetzungen, unser Angebot voll auszuschöpfen.

Achtung
Wildschweine!
In einigen Berliner
Stadtteilen könnte
man über neue
Verkehrsschilder
nachdenken …

Wildschweine – mitten unter uns

Wildschweine – mitten unter uns

Mit einem Fax, das sich an einem Septembermorgen knatternd aus dem Gerät auf meinen Fußboden kringelt, beginnt meine Suche nach „Willow". Titelzeile des Zeitungsausschnittes: „Hündin Josi päppelt den kleinen Keiler Willow auf". Die Meldung kommt aus Lübbecke, 50 Kilometer entfernt. Besitzerin der Hündin und Pflegemutter für den Frischling ist Maike, Maike S., lese ich. Ich setze mich ans Telefon und wähle die Nummer der Zeitungsredaktion. Nein, den Nachnamen wüssten sie auch nicht, und es würden sowieso gerade wichtige Meldungen ... Stille. Im Hintergrund lautes Gemurmel und Bestürzung. „Hallo?" Die Frauenstimme ist zurück – tonlos, verstört. Ich soll später noch mal anrufen, da sei ein Passagierflugzeug in das World Trade Center gerast. Dann das Freizeichen. Es ist der 11. September 2001.

„WILLOWS" AKTUELLE LEIBSPEISE: APFELKOMPOTT „LA COURONNE"

Einige Tage später suche ich weiter. Nach etlichen Sackgassen, einem futterneidischen Kollegen, einem Landwirt, den Verwandten und Eltern habe ich Maike endlich am Apparat. Sie berichtet, wie ihre Schwester den völlig geschwächten Frischling im Juli in den Parkanlagen auf dem benachbarten Gut entdeckte, ihn aber nicht aufnehmen konnte und deshalb mit ihm bei Maike vor der Tür stand. Sie erinnert sich: „'Ne halbe Portion war das und weniger als ein Kilo schwer, den konnte ich doch nicht verhungern lassen." Sie nahm den gestreiften Zwerg zu sich in die Wohnung, wickelte ihn in Geschirrtücher und legte ihn auf einen warmen Roggensack. Bei einer Körpertemperatur von nur 35,5° C, drei Grad unter dem normalen Wert, war Wärme das Wichtigste. Anfangs war die gelernte Krankenschwester unsicher, ob der Winzling überhaupt eine Chance hätte, zwang ihn aber stündlich zu einer Milchration aus der Pipette, deren Fettgehalt sie mit Sahne wildschweingerecht „aufgepeppt" hatte. Uner-

Fressen in der Küche, Schlafen im Wohnzimmer und Toben mit Terrier „Leo" beim Waldspaziergang – „Willow" in seinem Reich. Seite 136/137: Wer hat den Rüssel vorn? Wettlauf mit Wildschwein zur Eröffnung eines Autohauses.

Mangels Artgenossen misst Willow seine Kräfte gerne mit Ziehmutter Josi, die dem drei Monate alten Keiler bereits weit unterlegen ist.

wartete Unterstützung kam von Hündin Josi, die sich vom ersten Tag brennend für den neuen Mitbewohner interessiert hatte. Ein normaler Mutterinstinkt, glaubt Maike, denn Josi war acht Wochen nach ihrer Läufigkeit scheinschwanger. Sie wagte das Experiment und legte Willow mit in den Hundekorb. „Er suchte sofort nach den Zitzen", erzählt Maike, „und hat dann regelmäßig bei der Hündin getrunken. Nach vier Wochen waren ihre Zitzen völlig zerbissen, dann nahm er endlich feste Nahrung an." Aktuelle Leibspeise: Apfelkompott „La Couronne".

Derart vorgewarnt stehe ich am Wochenende mit einer ganzen Palette von Willows Lieblingskompott vor Maikes Haustür. „Gutes Timing" sagt sie. „Ich wollte gerade mit der Bande spazieren gehen." Sie ruft Josi nach draußen. Es trappelt im Flur. Das sind nicht nur Hundepfoten, denke ich, da stürmt auch schon ein stattlicher Frischling durch die halb geöffnete Eingangstür an mir vorbei und die kleine Treppe herunter. Zusammen mit der Mischlingshündin tobt er ein paar Runden durch den Garten, dann flitzen die beiden über die Auffahrt Richtung Gutshof. Maike will sie zurückrufen, doch sie sind bereits auf der Pferdekoppel. Willow hat den Rüssel im Gras und stöbert durch die Maulwurfshaufen. Kater Melvin steht ein wenig abseits. Ihm ist der kleine Keiler nicht ganz geheuer. Vorsichtig schleicht er sich an dem Tohuwabohu vorbei und gibt Fersengeld, als Willow plötzlich aufsieht und ihn mit einem Grunzen zum Spielen animieren will.

Für ein Wildschwein hat Willow dank Tiernärrin Maike und des Gutshofs mit Pferden und Hunden jede Menge ungewöhnliche Vierbeiner als Spielkameraden. Die Größeren, die keine Angst vor seinen etwas rüpelhaften Manieren haben, vertragen sich bestens mit dem Frischling. Nur die Katzen bleiben auf Distanz.

Heute sind Jack Russel Terrier Leo, Labrador-Hündin Kaja und natürlich Josi mit Willow und uns unterwegs. Dass der kleine Keiler in Maikes Wohnung nächtigt und lieber bunte Nudeln mit Gemüse frisst als Mais und Eicheln, merkt man ihm draußen nicht an. Wie ein „echtes" Wildschwein stöbert er mit dem Wurf am Boden durch die Brennnesseln, einmal um den kleinen Fischteich und quer durch den Bach am Waldweg. Zwischen den Erkundungstouren ist immer Zeit für eine kleine Rauferei mit Leo, der ihm jeden Rempler verzeiht, selbst gehörig austeilt und die Größendifferenz durch „Dranbleiben à la Terrier“ wettmacht.

Auf halber Strecke, Wildschwein und Hunde sind etwas zurück, kommt uns ein junger Mann mit einem massigen Mastiff-Rüden entgegen. Er hat den großen Hund an der Leine, und das ist auch gut so, denn im nächsten Moment taucht Willow auf, prüft kurz die Lage, nähert sich dann auf Schalenspitzen mit Katzenbuckel und aufgestellten Rückenborsten und zeigt dem Neuankömmling die Breitseite – ganz wie ein Keiler es machen würde beim Imponierverhalten gegenüber einem gleichstarken Artgenossen. Von gleichstark kann hier kaum die Rede sein, doch der Hundeschwergewichtler steht gelassen an der Seite seines Herrn, blickt immer mal wieder zweifelnd nach oben, so als wollte er fragen, ob man den aufdringlichen Wichtigtuer nicht doch in seine Schranken weisen sollte, und erträgt Willows Imponiergehabe mit stoischer Ruhe. Den interessiert der Spielverderber, der auf seine Aufforderungen zu einer anständigen Keilerei nicht reagieren will, bald nicht mehr, und er marschiert ’rüber zu Leo und verpasst ihm einen kräftigen Schubser in die Flanke. Ein Verhalten gegen ein schwächeres Tier, das ich bei älteren Frischlingen und Überläufern häufig beobachtet habe, wenn sie zuvor von einem ranghöheren oder stärkeren Tier selbst etwas einstecken mussten.

Was sie denn mit Willow machen wolle, wenn er Mitte nächsten Jahres nicht mehr 15, sondern 75 Kilogramm wiege, frage ich Maike. Sie denkt über ein Gehege mit einem stabilen Zaun auf dem Gutsgelände nach. Die Genehmigung des Besitzers hat sie, möchte den Keiler aber, so lange es geht, in den eigenen vier Wänden halten. Immerhin wären bei ihr in der Nachbarschaft nicht alle Menschen so tolerant wie der Gutsherr. Zweimal ist Willow stiften gegangen und entweder auf der Straße oder in einem Hausgarten aufgetaucht und hat Autofahrern und Anwohnern einen gehörigen Schreck eingejagt.
In Deutschland gelangen im Frühjahr und Frühsommer

Kraft, Zusammenhalt und Cleverness: Das Team der Rüsselheim Razorbacks lernt andere Liga-Mannschaften in Wildschweinmanier das Fürchten.

DHL
WORLDWIDE EXPRESS

Günther + Schmitt
Flörsheim
DHL
R.HAAS

„Flaschenkinder“: Verwaiste Frischlinge gewöhnen sich schnell an zweibeinige Ersatzmütter.

jedes Jahr Dutzende Frischlinge in menschliche Obhut, die verwaist, unterkühlt und ziellos umherirrend von tierlieben Bürgern, besonders von Landwirten, Jägern oder Förstern, aufgelesen werden.

Über das „Danach" sind sich viele Stadtbewohner nicht im Klaren. „Die ersten vier Wochen waren am schlimmsten", erinnert sich Juliane aus Bad Urach, deren kleine Bache Frederike monatelang die ganze Familie in Atem hielt. Da wird Papas Lieblingssessel zum Lieblingskessel; da wird geschrien und gequiekt, wenn Rosinen, Äpfel oder Schokolade nicht pünktlich im Futternapf liegen; und die ganze Familie entwickelt zwangsweise einen nie gekannten Wandertrieb, damit Klein-Schwein ausreichend Auslauf hat. Keiner aus Julianes Familie hätte die Bache hergeben wollen, doch am Ende siegte die Einsicht, dass Küche und Balkon kein Ersatz sein können für Buchenwald und Rapsacker.

DA WIRD PAPAS LIEBLINGSSESSEL ZUM LIEBLINGSKESSEL; DA WIRD GESCHRIEN UND GEQUIEKT, WENN ROSINEN, ÄPFEL ODER SCHOKOLADE NICHT PÜNKTLICH IM FUTTERNAPF LIEGEN.

Gerade Landwirte und Förster haben mir immer wieder versichert, dass sie ihr Wildschwein gegen keinen Hund der Welt tauschen wollten und die Borstenträger für die intelligentesten Tiere der Welt halten. Erst wenn man ein bisschen länger bohrt und stochert, kommen sie mit den vielen kleinen Übeltaten um die Ecke, die zeigen, wie sehr die „Familienschweine" trotzdem Wildtier geblieben sind – angefangen bei zerfetzten Sofakissen und beschädigten Möbeln über abgeräumte Kuchengedecke bei der Geburtstagsfeier bis hin zu in die Flucht gebissenen Nachbarn und Verwandten.

Dass sie angeborene Verhaltensweisen nicht völlig aufgeben, macht sie zu unglaublich „treuen Seelen". Ihre Zieheltern sind Mutter- und Leitbache, die sie am Geruch erkennen, und die Restfamilie geht ohne weiteres als Rotte durch, in deren Umgebung sie sich sicher und wohl fühlen. Die Frage, ob es tierschutzrechtlich überhaupt

Keine Berührungsängste: Frischlinge sind von Natur aus neugierig und in Wildparks an Menschen gewöhnt, Vorsicht ist allerdings vor der Bache geboten!

vertretbar ist, ein junges Wildschwein in seine Obhut zu nehmen, stellt sich beim Anblick eines bibbernden Frischlings, der einem am Waldrand entgegentrappelt, oft nicht mehr – was auch nur verständlich ist. Damit der aufkeimende Mutter- oder Beschützerinstinkt aber nicht plötzlich in Fluchtverhalten übergeht, sollte man vor der Adoption sicher gehen, dass keine Bache in der Nähe ist.

Einer außergewöhnlich langen Beziehung zwischen Wildschwein und Mensch verdanken wir den Großteil unseres heutigen Wissens über Verhalten und Ökologie des Wildschweins. Heinz Meynhardt hatte fast 17 Jahre Kontakt zu einer frei lebenden Rotte Sauen. Aus dem Futterkontakt zu den Wildschweinen östlich von Magdeburg entwickelte sich in den 1970er und -80er Jahren eines der spannendsten Freilandexperimente der Wildbiologie. Weil Meynhardt später Sozialkontakt zu den Tieren hatte, also als „Mitschwein" in der Rotte akzeptiert und zeitweilig ranghöchstes Rottenmitglied war, konnte er jedes Tier wiedererkennen und wusste um dessen Position in der Hierarchie des Familienverbandes. Auch wenn nicht alle seiner Erkenntnisse einer wissenschaftlich durchgeführten Studie standhalten dürften, wird der Wert solcher Direktbeobachtungen oft unterschätzt. Seine Erkenntnisse sind Meilensteine in der Schwarzwildforschung und aufgrund der hohen Populationsdichte heutzutage gefragter denn je.

Maike ist stolz darauf, dass sie durch die Freundschaft zu ihrem Keiler Dinge erlebt, die mit einem Haustier nie stattfinden würden. Komische, spannende und auch sehr ärgerliche. Von Zeit zu Zeit erkundigte ich mich nach dem Schicksal ihres Keilers, bis sie mir dann im Dezember erzählte, dass seine Streifzüge ihn während der Spaziergänge weiter und weiter weg führten und er manchmal nachts nicht wieder nach Hause gekommen sei. Als sie Willow wieder einmal vermisste, erfuhr sie morgens aus der Zeitung, dass am Ortsausgang in der Nacht ein Wildschwein überfahren worden war. Sie glaubt nicht recht daran, dass es Willow gewesen sein könnte, und hofft, dass er irgendwo durch das Wiehengebirge zuckelt.

Ach ja, S-Punkt, Maikes Nachname: Schweinefuß – Nomen est Omen.

Auf Meynhardts Spuren: Revierförster Hans Jallas hat seit mehr als zehn Jahren intensiven Kontakt zu Wildschweinrotten. Bis die Sauen ihn akzeptierten, vergingen Monate. Doch das Warten lohnte sich: Jeder Abend bringt neue spannende Erlebnisse, einige Tiere sind ihm regelrecht ans Herz gewachsen.

Mit uriger Kraft

Mit uriger Kraft

Die Stille ist unerträglich. Wie ein Fluch lauert sie über der Dickung. Plötzlich ein scharfes Wetzen, das die Luft zerkratzt wie Stein. Raubtierhaft schmatzend verschlingt es den Moment und fährt mir bis in die Knochen. Ein tiefes Grollen setzt ein, lauter und lauter und findet seine drohende Erwiderung wie in einem Echo. Erneut Stille. Im nächsten Augenblick wieder ein Brüllen, das die Stille zerreißt, so wild, so grimmig und voll Wut, immer mehr anschwellend, ein markerschütterndes Crescendo des Zorns. Dann ein Krachen und Schnaufen, und ein Keiler bricht aus dem Stangenholz über den Weg. Auf seiner Fährte der Alte, der Sieger. Heller Speichel flockt um seine beeindruckenden Waffen, heiß strömt ihm die Luft aus dem offenen Gebrech. Er wechselt über die Schneise und verschwindet im Dickicht.

Während der Rauschzeit ziehen alte Keiler unermüdlich umher, bis sie eine Rotte mit rauschigen Bachen gefunden haben.

IM NÄCHSTEN MOMENT ZERREISST EIN BRÜLLEN DIE STILLE, DANN EIN KRACHEN UND SCHNAUFEN, UND EIN KEILER BRICHT AUS DEM STANGENHOLZ ÜBER DEN WEG.

Vor einigen Wochen hatte der Alte sein Einzelgängerdasein aufgegeben, denn der Geruch rauschiger Bachen begleitete ihn schon seit Tagen. Systematisch hatte er die Bäume abgesucht, wo die Weibchen Sekrete hinterlassen aus den Drüsen in der Nähe ihrer Augen. Der Wald war voll von ihrem Duft, wo immer sie uriniert oder nach dem Suhlen die Malbäume aufgesucht hatten. Also war er ihren Spuren gefolgt, die in das Revier unterhalb des kleinen Eichenwäldchens führten. Hier begegnete ich ihm gestern das erste Mal in diesem Jahr. Es musste der Alte sein, denn er war auch im letzten Winter bei Elli und ihrer Rotte aufgetaucht und hatte alle vier Bachen beschlagen. Die Spitze seines rechten Gewehres fehlte – vermutlich der Tribut an eine frühere Auseinandersetzung. Dieses Jahr war er spät dran, denn ein jüngerer Keiler folgte seit einigen Tagen der Rotte und umwarb die Bachen heftig.

„Blutzoll“: Ebenbürtige Keiler können sich bei Auseinandersetzungen mit ihren „Waffen“ gefährliche Verletzungen zufügen.

Wird es zum Kampf kommen? Die Rauschzeit ist auch die Zeit des Kräftemessens zwischen den Keilern.

Schwächere Gegner weichen in der Regel schon zurück, wenn der Überlegene ihnen die Breitseite zeigt.

Als der Alte dann abends kurz vor Einbruch der Dunkelheit auftauchte, nahm er den Widersacher sofort ins Visier, wetzte angriffslustig seine Waffen und entwickelte massenhaft Speichel, der ihm wie Eischnee von den Lefzen troff. Mit gesträubten Nackenborsten zeigte er dem Jüngling die Breitseite und schritt in dieser Imponierhaltung um ihn herum. Sein Auftritt war überzeugend, denn nur einmal musste er drohend das Haupt heben, schon flüchtete sein Kontrahent. Die Rotte war ein Stück weiter gezogen, sodass der alte Keiler nun mit röchelnden, keuchenden Lauten die Verfolgung aufnahm. Zehn Meter war er noch entfernt, da machte Elli kehrt und nahm ihn mit kreischenden Abwehrlauten an. Gewarnt durch ihr Verhalten im letzten Jahr ließ der Alte sich davon nicht beeindrucken, wich aus und trabte an ihr vorbei zu den drei übrigen Bachen.

Wie auch der Kampf ist das Werbeverhalten bei Wildschweinen stark ritualisiert. Bestimmte Abfolgen von Verhaltensweisen erleichtern es den Beteiligten, den Rivalen oder den Geschlechtspartner richtig einzuschätzen. Eine Bache ist während der Rausche nur etwa zwei Tage befruchtungsfähig und produziert dann spezifische Pheromone, die dem Keiler eindeutig übermitteln, dass sie jetzt paarungsbereit ist. Er wird dann sein Werben verstärken, sie mit dem schon erwähnten Röcheln umkreisen, immer wieder mit dem Wurf ihre Flanken oder die Halsgegend anstoßen oder ihr den Kopf auf den Widerrist legen. Sein Atem und Speichel enthalten Duftstoffe, die dazu beitragen, bei der Bache den so genannten Duldungsreflex auszulösen, der ihm das Aufreiten ermöglicht. Die Bache verfällt dabei in eine typische, fast gleichgültig wirkende Haltung.

Die Duftstoffe, die sie während der Rauschzeit produziert, sind so genannte „ehrliche Signale", genauso wie die Imponierhaltung des Keilers. Damit gibt er einem Gegner Gelegenheit, seine Größe abzuschätzen und festzustellen, ob sich ein Kampf lohnt. Der Lateralkampf

DER ALTE BRÜLLTE AUF, FUHR HERUM UND DRÄNGTE DEN ANGREIFER MIT ALLER GEWALT IN DIE JUNGEN EICHEN HINEIN.

Keiler auf der Duftfährte: Mit Urin und Drüsensekreten sondern die Bachen Geruchsstoffe ab, die ihre Paarungsbereitschaft signalisieren.

„Der Alte" – mit sieben Jahren hat er nur noch wenig Zeit, bis ihn ein jüngerer Rivale im Kampf um die Fortpflanzungen in Ellis Rotte besiegt.

der Keiler, bei dem sie Schulter an Schulter oder Flanke stehen, ist eine sehr ursprüngliche Form der Auseinandersetzung, denn er lässt einen echten Beschädigungskampf zu. Denkt man an die gewaltigen Hiebe, die die Widersacher mit ihren Waffen gegeneinander führen, ist das leicht nachvollziehbar. Obwohl der „Schild", eine fast panzerartige Verdickung der Schwarte im Hals- und Flankenbereich der männlichen Tiere, während der Rauschzeit mehrere Zentimeter dick sein kann, fügen sie sich manchmal stark blutende Wunden zu. Ritualisierte Verhaltensweisen und ehrliche Signale tragen dazu bei, dass es dazu nicht kommt.

Keiler nehmen während der Rauschzeit kaum Nahrung zu sich, legen lange Strecken zurück und müssen sich gegen Rivalen behaupten – das alles kostet sie bis zu 20Prozenz ihres Körpergewichtes. Jede Verletzung würde das Risiko einer Niederlage im Kampf und den daraus folgenden Ausschluss von der Fortpflanzung unnötig vergrößern.

Der etwa dreijährige Mitbewerber um die Paarungen in Ellis Rotte erholte sich bald von seinem anfänglichen Schrecken und forderte den Alten immer wieder heraus. Als heute die Dämmerung einsetzte, kam es zu einer langen Verfolgungsjagd, und erst am Rand des Stangenholzes holte ich die beiden Kämpfer wieder ein. Dort standen sie, dampfend und in höchster Anspannung, und es war klar, dass es gleich wohl ernst werden würde. Jetzt war es der Jüngere, der den alten Bassen in Imponierhaltung umkreiste, dann einige kurze Schritte Anlauf nahm, auf den Hinterläufen kurz hoch stieg und sich dem großen Keiler an die Seite warf. Der Alte brüllte auf, fuhr herum und drängte den Angreifer mit aller Gewalt in die jungen Eichen hinein. Minutenlang tönte nur das Gebrüll der Keiler aus den Büschen, verstummte, setzte wieder ein, dann wieder Stille, bis der Jüngere aus dem Dickicht stürzte.

Ich folgte dem Alten zurück in den Wald. Dort verhoffte er für einen Augenblick, schwer atmend und mit hängenden Lidern, die Flanken weiß vom Speichel seines Rivalen. Dann nahm er Witterung auf, und trabte tiefer hinein ins Dunkel der Fichten.

Danksagung

Es bliebe bei der Idee für ein Buch, wäre da nicht jemand, der sie dankbar aufnimmt, entwickelt und in die Tat umsetzt. Dafür gebührt dem KOSMOS Verlag mein Dank; allen voran Claudia Salata als unbeirrbare Befürworterin des Projektvorschlags und Ekkehard Ophoven für jägerischen Sachverstand und die redaktionelle Betreuung des Projekts.

Hätte ich mit Norbert Happ einen echten Wildschweinspezi eher kennen gelernt, wäre der Bildband dank seiner wertvollen Kontakte sicher um einige schöne Bilder bereichert worden. Für seine Mithilfe an diesem Buch danke ich ihm herzlich.

Etliche Menschen haben mich in den letzten Jahren bei meiner Arbeit unterstützt. Ihnen an dieser Stelle angemessen zu danken, ist unmöglich. Daher würde ich mich freuen, wenn meine Bilder ihnen Teil meines Dankes sein könnten und Erinnerungen an gemeinsame Erlebnisse weckten.

Maurizio Biancarelli, Werner Bollmann, Dr. Jens Borchers, Jürgen Borris, Karola Bült, Peter Cyriax, Dieter Damschen, Déme Tamás, Matthias Eggert, Eugubina Cinghiale & Cinghialisti Monte Pollo, Farbglanz Professional Sammatz (Olaf Seeling & Bettina Ginther), Joachim Felsberg, Marc Franusch, Fürstlich Fürstenbergische Forstverwaltung, Kurt Geisler, Ehepaar Gerwe, Matthias Gommlich, Uwe Greiert, Roland Grund, Juliane Itta, Hans Jallas, Prof. Dr. Volker Kaden, Oliver Keuling & Biene, Silvia Knöfel, Günter Köllner, Wolfgang Korn, Melanie Krebs, Elmar Lakenberg, Sonja Ludwig, George Majumder, Jürgen Marx, Drs. Giovanna Massei-Smith, Dr. Joachim Menzel, Frank Mosch, Lászlo Nóvak, Moritz Fürst zu Öttingen-Wallerstein, Bernd Ockenfeld, Tünde Ötvös & Familie, William L. R. Oliver, András Omáct, Szoltan Omáct, Hano Ortmann & Troll, Christian Graf von Perponcher, Gábor Pétervári, Dieter Peth, Prof. Dr. Jean-Michel Pinet, Prof. Dr. Klaus Pohlmeyer, Print & Service Kiel (Jürgen Gosch & Heinz Klaskala), Ulf Rennert, Burkhard Rupprecht, Günther Ruthenberg, Rüsselsheim Razorbacks e.V., Friedrich Wilhelm Schlüter, Dr. Uwe Schölmerich, Maike Schweinefuß, Dr. Sigrid Schwenk, Dr. Gunter Sodeikat, Norman Strier, Prof. Dr. Christof Stubbe, Udo Teßmer, Norbert Teuwsen, Luca Tonini, Dr. Johan Truvé, Erwin Werner Turowski, Jan Vermeer, Josef Vorholt, Hubert Wehner, Svenja, Björn & Sven Weinkauf, Burkhard Winsmann-Steins, Dagmar Wolf

Eine Menge von dem, was in diesem Buch steckt, haben meine Eltern auf den Weg gebracht. Für ihre Liebe und Unterstützung kann ich ihnen nicht genug danken. Genauso danken möchte ich meinen Großeltern, deren Verständnis für meine Träume mich immer begleitet und angespornt hat.

Ein Mensch weiß am besten, wie viel Zeit und Mühe in hinter diesen Seiten steckt. Danke, Ingrid, für ein ungewöhnliches Maß an Verständnis, Hilfe und Geduld!

Vergessen möchte ich auch nicht meine Freunde aus dem Toro, aus Jumilla und dem Valdepenas. Sie waren immer für mich da und erholsame Labsal in schöpferischen Pausen.

Nicht zuletzt gebührt den faszinierenden Hauptdarstellern dieses Buches für ihre „(wild)schweinische Geduld“ mit mir, für unerwarteten Aktionismus und einzigartiges Naturerleben ein laut gegrunztes „Danke!“